Les métamorphoses du ciel

SCIENCE, HISTOIRE ET SOCIÉTÉ

Collection dirigée par Dominique Lecourt

Les métamorphoses du ciel

De Giordano Bruno à l'Abbé Lemaître

Jean-François Robredo

Presses Universitaires de France

DU MÊME AUTEUR

Du cosmos au big bang. La révolution philosophique, préface de Marcel Conche, Paris, PUF « Science, histoire et société », 2006.

Le sens de l'univers. Essai sur Jacques Merleau-Ponty, Paris, PUF « Science, histoire et société », 2010.

ISBN 978-2-213-059317-1
Dépôt légal – 1re édition : 2011, novembre

6 avenue Reille, 75014 Paris

« Il n'est pas possible de dissiper la crainte au sujet des choses les plus importantes sans savoir ce qu'est la nature du tout, mais en vivant dans une incertitude anxieuse de ce que disent les mythes ; de sorte qu'il n'est pas possible, sans la science de la nature, d'avoir des plaisirs purs. »

Épicure,
Maxime capitale XII.

« Selon que “le réel dans son ensemble” comprendra Dieu et le monde, ou seulement la nature, ou seulement le monde, il en résultera des différences quant à la façon de concevoir la morale, l’éthique, l’art, les sciences, l’éducation. »

Marcel Conche,
Présence de la nature.

Sommaire

Prologue

« Ce qu'il y a de plus incompréhensible dans l'Univers, c'est qu'il soit compréhensible. »

Albert Einstein,
Physique et réalité.

Quel a été le premier rêve de l'homme ? Fut-il de se comprendre lui-même ou de comprendre la nature qui l'entourait ? À moins qu'il ait toujours essayé de résoudre les deux énigmes *à la fois*. Peut-être bien. Et, de ce point de vue, le premier rêve est encore d'actualité aujourd'hui. Plus que jamais. Un rêve à portée de la main depuis que l'astronomie, et plus particulièrement la cosmologie, a montré le destin partagé de l'être humain et de l'Univers. L'homme est ainsi devenu « un enfant du ciel », constitué au sens propre, comme l'a si bien formulé l'astrophysicien Hubert Reeves, de « poussières d'étoiles »[1]. N'a-t-il pas fallu les quelque 14 milliards d'années d'évolution (justement à peu près l'âge de l'Univers) pour permettre l'apparition et le développement de la vie (et de la conscience) sur Terre ? La cosmologie scientifique plus connue sous le nom de « théorie du big bang » semble ne plus laisser de doute : nous sommes liés à l'histoire du ciel dans sa globalité et tout questionnement sur l'une des parties retentit sur l'autre.

Restait à savoir si cette histoire commune était accessible à l'esprit humain. On en a longtemps douté mais le XXe siècle a montré que les plus grandes entreprises ne sont pas toujours impossibles. Einstein,

1. Hubert Reeves, *Poussières d'étoiles*, Paris, Seuil, 1984 (rééd. « Points Sciences », 2009).

en 1934, l'a exprimé d'un paradoxe lumineux que nous avons mis en exergue [1]. En réalité, cette « compréhension » a commencé avec l'avènement de la raison grecque qui, il y a plus de 2 500 ans, a interrogé la nature d'une façon nouvelle. La voûte étoilée s'est alors éclairée de principes explicatifs : le ciel est devenu le « cosmos ». Mais ce geste *créatif* inaugural devait être dépassé. Le ciel a, pourrait-on dire, pris son indépendance peu à peu au cours des siècles suivants, au point d'entrer en conflit avec une certaine volonté humaine de le saisir, de le maîtriser ou même simplement de le comprendre. C'est l'histoire de cet « arrachement » caractérisé par des *métamorphoses* successives que cet ouvrage se propose d'explorer. Dévoiler les « métamorphoses du ciel » à travers des essais qui sont autant de confrontations entre la pensée et la connaissance que nous avons de l'Univers.

Dans la galerie que nous allons visiter, deux figures nous ont paru essentielles. D'abord l'inclassable Giordano Bruno, brûlé sur le bûcher de l'Inquisition en 1600, élevé au rang de martyr de la science et pionnier de notre vision moderne du ciel étoilé. Deux mille ans après l'impulsion grecque, pourquoi une telle tragédie ? Quel conflit les flammes du bûcher avaient-elles pour but de masquer ? En fait, nous vivons encore sur les cendres de ce débat et les réponses aux questions les plus actuelles ne peuvent éviter de revenir à cet épisode central tragique.

La seconde figure essentielle dans cette histoire de notre nouveau rapport au ciel est l'abbé belge Georges Lemaître. En effet, plus de trois siècles après Giordano Bruno, un autre homme d'Église se trouve au centre d'une révolution scientifique majeure, la cosmologie scientifique. Grâce à la théorie de la relativité, c'est tout l'Univers qui est devenu connaissable et qui a conduit à élaborer la fameuse théorie du big bang. Comment Lemaître a-t-il contribué à la science cosmologique tout en gardant sa foi intacte ? A-t-il réussi à mettre fin à la « guerre des vérités » ? Sa place éminente méritait, nous semble-t-il, une analyse détaillée.

1. Albert Einstein, *Physique et réalité* (1936), in *Œuvres Choisies*, tome 5, Paris, Seuil-CNRS « Sources du savoir », 1991.

De Giordano Bruno à la cosmologie la plus actuelle, en passant par Galilée, Einstein et Georges Lemaître, cet ouvrage veut donc raconter, derrière les « métamorphoses », l'histoire de l'avènement de la « nouvelle vérité » astronomique, confrontée aux autres vérités, mythique, religieuse ou philosophique. Aujourd'hui, comprendre le ciel c'est donc d'abord comprendre cette histoire. Jusqu'où sont arrivés les scientifiques contemporains ? Que nous disent-ils de vrai sur le ciel ? Que pouvons-nous tenir pour certain, pour douteux, pour définitivement hors de portée ? Les interrogations sont « éternelles » soit, mais il y a bien des réponses « actuelles ». Mais comme l'a établi l'épistémologue Gaston Bachelard, il n'y a pas de « réponses » scientifiques si on ne comprend pas d'abord comment les « questions » se sont posées.

Au commencement, donc, était le *kosmos* grec, c'est-à-dire « l'ordre ». À peine sortis du chaos originel de la mythologie, les premiers philosophes grecs au Ve siècle avant notre ère, ont cherché à expliquer le cosmos en en dévoilant sa *vérité* c'est-à-dire son « ordre caché ». Car, à cette époque, comprendre et ordonner étaient une seule et même chose. Cette recherche constituait même un impératif moral et politique. Ainsi, c'est Platon lui-même qui exige des astronomes qu'ils « sauvent les phénomènes » [1], c'est-à-dire les apparences chaotiques qu'il voyait en miroir dans la cité et au ciel. Mais ce « sauvetage » ne consiste jamais à manipuler les phénomènes, à les forcer ou même à les mépriser ; bien au contraire, il s'agit de les « élever à la raison suprême » en dévoilant leur « perfection cachée ». La cosmologie grecque se veut donc avant tout rationnelle, c'est-à-dire respectueuse de la vérité qui n'est autre que la réalité cachée sous les apparences.

Comment s'est concrétisé le rêve grec ? Par l'élaboration d'un système ordonné « hiérarchiquement ». Ainsi, le philosophe, disciple de Platon, Aristote a minutieusement découpé le monde en *infralunaire* (monde terrestre de la corruption) et *supralunaire* (monde céleste de la perfection). Dans chacune de ces deux parties les éléments étaient plus ou moins élevés ou dévalorisés. L'ensemble constituait un Univers

1. Platon, *Timée*, Paris, Garnier Flammarion, 1969.

global ou « cosmos », fini, ordonné et « rationnellement sauvé ». L'homme grec se sauvait-il lui-même (et la Terre !) en sauvant par la cohérence de la pensée le monde désordonné qu'il observait ? Une entreprise, en miroir, dangereuse car le « cosmos grec » ne devait pas être éternel. L'histoire de la cosmologie ne faisait que commencer et les rebondissements, les « métamorphoses », voire les révolutions n'allaient pas manquer. La rationalité restera mais la vérité allait changer de « sens ».

Car si la conception grecque va encore durer près de deux mille ans, au milieu du XVIe siècle elle sera complètement écartée et le rêve même de la cosmologie comme réflexion sur le « Tout de la nature » s'éteindra. En effet, avec l'élaboration et la publication par Copernic, en 1543, du système centré sur le Soleil et non plus sur la Terre, cette dernière se retrouve projetée dans le ciel, planète parmi les autres, élevée au rang d'astre céleste et dans le même temps devenant une partie « négligeable » de l'Univers. Un demi-siècle plus tard, Giordano Bruno poursuit la nouvelle réflexion cosmologique par des considérations inouïes sur « l'infinité » de l'Univers. Dans la continuité, Galilée discute les systèmes du monde possibles en cherchant à prouver lequel est le « vrai ». La nouvelle discussion est lancée qui va parfois prendre les allures d'une véritable guerre idéologique où entrent en jeu la religion, la politique, la science et la philosophie. Théories, expériences : toutes les avancées scientifiques, jusqu'à Einstein inclus, seront des nouvelles étapes conflictuelles de la conquête de la vérité *(Chapitre I : La vérité des étoiles)*.

La contribution de l'abbé Lemaître va prendre en ce début du XXe siècle, à la suite d'Einstein, un sens particulier. Homme d'Église à la foi inébranlable et contributeur majeur des avancées de la cosmologie moderne, il a concentré en lui toutes les tensions, passées, présentes et à venir ! Considéré pour ses travaux sur les premiers moments de l'Univers comme l'inventeur de la future théorie du big bang il sera l'objet de méfiance et de rejet du fait de sa double appartenance religieuse et scientifique. Allait-il trahir le dogme religieux pour des hypothèses scientifiques ? Allait-il infiltrer ses résultats scientifiques de ses positions religieuses ? Trahison, manipulation : les deux reproches lui seront faits de son vivant, et la suspicion demeure encore vivace. Il fallait donc revenir en détail sur sa contribution à la cosmologie contemporaine et analyser l'ensemble de ses écrits pour tirer au clair sa véritable position. Sa vie elle-même devra être parcourue pour saisir l'unité d'une « double conception » de la vérité qu'il a explicitement exposée et profondément vécue. Son héritage est encore le nôtre aujourd'hui *(Chapitre II : L'abbé Lemaître : la lumière du big bang)*.

Ainsi, en 1966, à la mort de Lemaître, l'Univers n'est plus le même. À quoi a laissé place le conflit ouvert avec Copernic et Giordano Bruno ? Peut-on parler aujourd'hui du retour d'un « cosmos » au sens grec ? Faut-il modestement renoncer à parler du tout de la nature, c'est-à-dire renoncer à donner un sens à l'Univers ? Aussi incroyable que cela puisse paraître, il semble bien que non. La cosmologie contemporaine est bien une science et elle s'intéresse par nature à tout ! Reste à comprendre en quoi consiste cette révolution moderne du ciel, cette dernière « métamorphose ». Que nous dit l'Univers aujourd'hui ? Quels sont les changements majeurs opérés depuis les Grecs ? Que reste-t-il des relations « éternelles » entre l'homme et le ciel ? Que peut apprendre l'homme sur « lui » face à un Univers disproportionné, infini, réfractaire à une maîtrise définitive et plus difficile à penser que jamais ? Car, qu'on le veuille ou non, il faut vivre avec notre temps et affronter notre récit cosmique scientifique comme une nouvelle épreuve et une nouvelle chance pour la pensée. L'enjeu d'une vision cohérente, c'est-à-dire d'un sens du Tout est plus que jamais une nécessité *(Chapitre III : Vivre dans l'Univers)*.

Avant de lire les principales étapes de cette élaboration et de répondre aux questions « comment en est-on arrivé là ? » et « comment vivre maintenant ? », il faut rapidement se mettre dans le « bain » actuel pour mieux apprécier les bouleversements passés. Qu'affirme aujourd'hui la cosmologie scientifique ? Pour les théoriciens actuels l'Univers commence à 10^{-43} seconde (en dessous, le principe d'indétermination de la physique quantique interdit pour le moment toute connaissance). À cette « époque », la température est de 10^{32} Kelvin. Dans ce « chaos primordial » il n'y a que des photons, des particules élémentaires (quarks, électrons, positrons) et leurs antiparticules (mêmes éléments mais de charge opposée). Premier choc cosmique : les particules et les antiparticules s'annihilent, laissant subsister un petit excédent de matière qui a donné naissance à tout l'Univers actuel ! Puis, peu à peu (dans les trois premières minutes), les neutrons et les protons se forment à partir des quarks, les noyaux atomiques à partir des protons et des neutrons et, enfin, les premiers atomes (environ 25 % d'hélium et 75 % d'hydrogène).

L'Univers continuant à se refroidir permet, quelque 380 000 ans plus tard, à la lumière de se libérer de la matière et de rayonner pour la première fois librement dans l'espace : c'est le « rayonnement cosmologique » observable aujourd'hui à une température de 3 Kelvin, véritable vestige des premiers temps. À partir de ce moment « lumineux » de l'histoire de l'Univers, les galaxies vont se former par effondrements gravitationnels des nuages de poussières. Les milliards d'étoiles qui s'allument peu à peu sont entourés de cortèges planétaires. À « petite échelle » (la Terre, les planètes), les choses sont variées, complexes ; mais, dès qu'on élargit le champ de vision, les étoiles se multiplient et se ressemblent, les galaxies se regroupent en paquets homogènes et, à l'« échelle globale », à part quelques faibles différences non significatives, le cosmos observable est d'une homogénéité presque parfaite. Voilà ce qu'il faut retenir aujourd'hui de près de quelque 13,7 milliards d'années d'évolution cosmique !

Ce récit, à la fois simple et complexe, est-il définitif ? La science a-t-elle le monopole de la recherche de la vérité sur la nature ? Faut-il s'incliner et « réciter » ou douter et résister ? En fait, les deux attitudes contradictoires sont possibles. Une chose néanmoins est indiscutable : la cosmologie scientifique propose un discours *cohérent* sur le Tout de l'Univers, c'est-à-dire *compréhensible* par tous. Que nous ne l'acceptions pas, préférant d'autres vérités, cela est un choix qui résulte justement de ce que nous avons compris le récit scientifique dans son ensemble et sa complexité. L'Univers n'est plus un « cosmos » dont le principe explicatif est extérieur et arbitraire, il n'est pas non plus un patchwork sans unité : c'est peut-être un puzzle auquel il manque de nombreuses pièces (les découvertes à venir ne manqueront pas) mais c'est un puzzle dont on peut déjà imaginer le dessin global par la cohérence de ce qui est déjà « placé ». Et cette cohérence passe inévitablement par un retour sur les moments essentiels de l'histoire de l'astronomie moderne. La pièce maîtresse, dramatique et inaugurale de cette interrogation moderne sur la « vérité des étoiles », est la mort sur le bûcher de l'Inquisition de Giordano Bruno.

I

LA VÉRITÉ DES ÉTOILES

« La nature est un grand livre
écrit en langage mathématique. »

Galilée,
L'essayeur.

La vérité a d'abord été, dans le monde occidental, un terrain d'exploration et de créativité. Les premiers philosophes grecs, au Ve siècle avant notre ère, ont élaboré des visions globales du monde concurrentes mais toutes possibles, crédibles, et en quelque façon éternelles. Un Univers infini, fermé, changeant, fixe, indéfini, mathématisé… : à chaque conception ses arguments, ses défenseurs, ses disciples, sa postérité. La vérité a ensuite été une recherche de conciliation entre un texte sacré, une vérité « révélée » et une nature explorée à partir de présupposés « naturels » bien que non encore scientifiques. C'est le philosophe grec Aristote qui a été utilisé par le dogme catholique pour mener à bien une construction globale de la vérité, à la fois religieuse et naturelle et, ici aussi mais dans un autre sens, « éternelle ». Une osmose entre connaissance, philosophie et théologie qui a duré près de 1 500 ans.

Mais en ce milieu du XVIe siècle, avec la publication par Nicolas Copernic de son livre sur les *Révolutions des orbes célestes*, la vérité va devenir un véritable « champ de bataille ». Les certitudes religieuses et aristotéliciennes sont bousculées : la Terre n'est plus le centre de l'Univers, les planètes possèdent des satellites, la Lune dévoile ses montagnes et notre monde est un astre errant comme les autres… Avec les découvertes astronomiques, inaugurées par Galilée au début du XVIIe siècle, de « nouvelles vérités » s'imposent. Faut-il les opposer aux « vérités immuables » des textes sacrés, de la philosophie officielle ? Peut-on séparer radicalement les unes des autres ? Car la vérité à cette époque « explose » littéralement : chaque exploration rationnelle de la nature vient ajouter des découvertes dont on ne sait comment les relier les unes aux autres. La vérité déborde, mais la cohérence globale qui pourrait emporter l'adhésion manque.

Une solution « classique » au problème est alors déployée : les vérités scientifiques nouvelles ne sont que des « hypothèses », vraisemblables mais révisables, qui ne viennent pas contredire des « thèses » vraies et éternelles, philosophiques mais surtout théologiques. La science nouvelle peut donc dire ce qu'elle veut sans entrer en conflit avec la religion, et l'explosion des connaissances, qui ne fait que commencer, est un complément *naturel* d'une part *surnaturelle* de l'ordre du monde. Ainsi les mises à l'Index de certains ouvrages, voire les condamnations au bûcher par l'Inquisition catholique de certains penseurs sanctionnent non les « hypothèses provisoires » mais la prétention de ceux qui suggèrent d'en faire des « vérités absolues ».

Le débat a été dramatiquement tranché dans le cas de Giordano Bruno, brûlé vif en 1600 après une vie écartelée entre science et religion, entre discussions passionnées et accusations d'impiété. Les enseignements de ce mythe fondateur de « la guerre des mondes » conduiront à un tiraillement entre attirance pour les nouvelles vérités et peur des conséquences d'affirmations trop enthousiastes. Car, dans la controverse sur les différents systèmes astronomiques, la question paradoxale de la « vérité des hypothèses » ne sera pas évitée. Entre les publications de Copernic, Galilée et Tycho Brahé, les enjeux ne sont pas les mêmes et l'autonomisation de la science vis-à-vis de la philosophie et de la théologie se joue en arrière-fond de la justification de leurs arguments (prudents ou téméraires). La controverse se déplace donc sur le plan épistémologique où la réflexion et les avancées scientifiques se font de concert.

Le débat est aujourd'hui encore d'actualité et les arguments parfois identiques. Les découvertes faites au XVIe siècles sont-elles autonomes et « absolues » ou « relatives » au contexte culturel de l'époque ?

N'a-t-on découvert que ce qu'on pouvait découvrir ? Le cas de la « non-découverte » de Neptune par Galilée est de ce point de vue éclairant. Le savant armé de sa lunette a en effet « vu avec les sens » ce qu'il ne pouvait « comprendre avec l'esprit », donc il n'a pas « découvert » Neptune si l'on définit ce terme comme une mise en relation nouvelle d'une observation et d'une théorie qui en rend compte. Les « yeux de l'esprit », soit la théorie, lui manquait. Mais cela ne voulait en aucun cas dire que ce qu'il observait n'était pas « vrai ». La question de la vérité, à cette époque plus qu'à aucune autre, était incontournable et ne peut se laisser enfermer dans le relativisme sous-jacent que suppose la stricte référence aux « hypothèses ». Réfléchir aujourd'hui à cet événement n'est en rien anachronique. D'ailleurs, la tension entre le dogme religieux et la science nouvelle n'était pas résolue par les seules analyses épistémologiques.

Reste à comprendre si cette autonomisation progressive et, en ces temps d'explosion des savoirs, douloureuse, de la « vérité scientifique » n'était pas elle aussi porteuse d'« illusions scientifiques ». Car la science cosmologique n'a cessé de progresser au cours des siècles suivants. La question de l'ordre du Monde et de son point fixe autour duquel tout tourne a dû dépasser les conceptions grecques et même galiléeo-coperniciennes. Au début du XXe siècle, Einstein va même, grâce à sa théorie de la relativité, en donner une solution étonnante et inattendue. En attendant de nouveaux développements ? Cette utilisation contemporaine radicale du « principe de relativité », déjà au cœur des analyses physiques de Galilée, fut d'ailleurs aussi une des « visions scientifiques » de Giordano Bruno. Et les savants postérieurs devront travailler dans le souvenir de ce 17 février 1600, Campo dei Fiori, à Rome, où brûle un symbole et un des précurseurs de leurs réflexions à venir.

1. Pourquoi a-t-on brûlé Giordano Bruno ?

« Vous portez contre moi une sentence avec peut-être plus de crainte que moi qui la reçois. »[1] À genoux mais le visage levé vers

1. Giordano Bruno, *Œuvres complètes*, tome VIII, Paris, Belles Lettres, 2000.

ses juges, l'expression menaçante, Giordano Bruno répond ainsi aux représentants de l'Inquisition qui viennent, ce 9 février 1600, de le condamner à être brûlé vif. Une obstination absolue qu'il maintiendra encore huit jours dans sa cellule romaine de Tor di Nona, malgré les nombreuses visites et les supplications de théologiens et de conciliateurs. Au lever du jour, ce jeudi 17 février de la même année, le condamné est emmené en procession vers le bûcher installé sur la place Campo dei Fiori, à Rome. « Dépouillé nu, lié à un poteau avec la langue entravée, à cause des paroles extrêmement violentes qu'il prononçait », l'homme défie une dernière fois l'autorité religieuse en détournant son regard du crucifix qu'on lui présente. Giordano Bruno préfère, méprisant les hommes qui le conjurent et les flammes qui le consument, tourner une dernière fois son regard vers le ciel. Il est persuadé que son âme va rejoindre celle d'un Univers qu'il est peut-être le seul, à l'époque, à penser infini.

Plus de quatre cents ans après, les questions ne manquent pas. Giordano Bruno a-t-il été un martyr de la science, de la vérité, de la philosophie ou de la libre pensée ? Ou plus simplement une victime de son entêtement, de son orgueil démesuré ? L'interrogation « Pourquoi a-t-on brûlé Giordano Bruno ? » a traversé toute l'histoire des sciences et plus généralement de l'humanité. Elle a fait trembler certains scientifiques favorables aux thèses coperniciennes comme Galilée ou Huygens, ou encore des philosophes libres penseurs comme Descartes ou Spinoza. En réalité il y a, comme le précise l'historien des sciences Alain Segonds dans l'introduction du livre de Luigi Firpo [1], deux questions différentes : « Pourquoi Giordano Bruno a-t-il été condamné par l'Église ? » et « En quoi son œuvre a-t-elle participé à cette condamnation ? » Pour tenter de résoudre la première énigme, il faut revenir à la vie de cet étrange homme d'Église.

Né en janvier 1548 à Nola, près de Naples, il rejoint dans cette ville, à l'âge de 17 ans, le couvent des Dominicains. Mais très rapide-

1. Luigi Firpo, *Le Procès de Giordano Bruno* (1949), traduction de l'italien et introduction d'Alain Segonds, *in* Giordano Bruno, *Œuvres complètes*, tome VIII, Paris, Belles Lettres, 2000.

ment, son esprit d'indépendance et son caractère bien trempé le mettent en conflit avec les membres de son ordre. Une nuit de février 1576, il s'enfuit, devenant ainsi un apostat, c'est-à-dire un ecclésiastique ayant abandonné la foi et la vie religieuse. On le retrouve effectivement voyageant à travers toute l'Europe, tenant des propos contraires aux dogmes catholiques et menant une vie bien éloignée de la simplicité et de l'abstinence monastiques. En fait, il devient un « philosophe errant » dans cette Europe ouverte et contrastée de la seconde moitié du XVIe siècle. Dans la Genève calviniste, le fuyard trouve d'abord un réconfort puis se fait rapidement excommunier. À Toulouse, puis à Paris, il jouit d'une relative tranquillité et d'une certaine notoriété, mais, après ses attaques contre les doctrines aristotéliciennes (Copernic a publié sa théorie héliocentrique en 1543 mais elle est loin d'être acceptée), il sera poussé à fuir encore. À Londres, ce seront les puritains qu'il choque et un fort soupçon d'espionnage pesant sur lui le force à quitter l'Angleterre. Son périple en Allemagne (Francfort et Wittenberg) va se solder par une nouvelle excommunication, cette fois prononcée par des luthériens…

Pendant quinze ans, Giordano Bruno a ainsi pu côtoyer les plus importants monarques de l'époque et confronter ses idées philosophiques à celles des plus grands esprits. De cette aventure harassante mais productive (une vingtaine d'ouvrages en latin et sept en italien publiés au cours de ses différentes escales), il ressort plus anticonformiste que jamais. Il n'est plus un catholique romain, sans devenir un calviniste ou un luthérien : son originalité lui apparaît évidente mais il ne mesure pas à quel point elle sera un danger pour sa propre vie. En 1591, Giordano Bruno accepte l'invitation d'un patricien de Venise, Giovanni Mocenigo, qui le conduira tout droit au bûcher. Une question se pose : pourquoi accepter de revenir de ce côté des Alpes alors que l'Église catholique, de plus en plus menacée par les partisans de la Réforme, se replie défensivement sur ses dogmes ? Pour certains spécialistes, Bruno venait chercher une paix dans le repentir et l'espoir d'une clémence, tant des institutions de Venise que du pape Grégroire XIV. D'autres, et notamment Alain Segonds, se rangent à un avis différent : ce serait au contraire un furieux « désir d'action » qui aurait poussé le philosophe à vouloir conquérir le monde en commençant par sa chère patrie.

Ainsi, présumant de ses forces tant morales que physiques, Giordano Bruno aurait cherché à imposer sa « nouvelle vérité » en transformant sa doctrine philosophique en pratique « éthico-sociale ». On lui prête même l'intention de former une secte de Giordanistes, avant-garde d'une nouvelle religion naturaliste. Le retour dans le giron papal marquerait donc une certaine volonté de réformer de l'intérieur le christianisme. Il ne s'agirait donc pas de renverser la doctrine catholique mais de la débarrasser de ses dogmes « aberrants » et finalement de la rationaliser. Mais l'échec évident d'une telle entreprise apparaîtra bientôt. Et la fin de l'odyssée se transformera en une tragédie qui, de Venise à Rome, va durer huit ans. Car l'hôte de Giordano Bruno, Moncenigo, se révèle bien plus lâche en matière religieuse que curieux en matière d'arts occultes. Ainsi Giordano Bruno, ce « fou » de la magie, de la cabale et de la divination, apparaît comme un dangereux hérétique quand il aborde ses vérités philosophiques. Apeuré mais aussi jaloux, Moncenigo fait arrêter Giordano Bruno dans la nuit du 22 mai 1592 et présente le lendemain à l'Inquisition une dénonciation écrite d'une « extrême gravité ».

Dès cette première attaque, il a été possible aux juges vénitiens de distinguer douze chefs d'accusation : il a été en particulier accusé d'avoir des opinions contraires à la Sainte Foi et d'avoir tenu des propos contre celle-ci et contre ses ministres ; d'avoir des opinions erronées sur la Trinité, la divinité du Christ et l'Incarnation ; de soutenir l'existence de mondes multiples et leur éternité ; de croire à la métempsycose (doctrine selon laquelle une même âme peut animer successivement plusieurs corps) et à la transmutation des âmes humaines dans des animaux ; de s'occuper d'art divinatoire et de magie ; de céder au péché de la chair… Transmise par les juges vénitiens aux juges romains, la liste va s'allonger encore jusqu'à atteindre plus de vingt chefs d'inculpation. Mais les griefs majeurs sont présents dès l'origine. On peut les regrouper en trois grands volets : critique de l'intégrité des représentants de l'Église, réinterprétation des dogmes catholiques et affirmation de « vérités » philosophiques en contradiction avec les « vérités » de la Foi. Laquelle de ces trois accusations a-t-elle finalement conduit Giordano Bruno au bûcher ? On peut aujourd'hui affirmer, grâce aux textes publiés, que chaque catégorie a fourni des raisons suffisantes d'exercer la vengeance inquisitoire !

Mais si la critique de l'institution et de ses dogmes relève en quelque sorte de débats internes à l'Église, les affirmations philosophiques (principalement cosmologiques) de Giordano Bruno les dépassent sûrement, et il est particulièrement intéressant de tenter de dégager en quoi elles étaient hérétiques et en quoi elles ont contribué à sa condamnation. C'est aussi dans ce dernier domaine (philosophique mais aussi pré-scientifique) que la contribution de Giordano Bruno à l'histoire de la pensée a été la plus importante. « Il y a dans cet espace des corps innombrables comme notre terre, et d'autres terres, notre soleil et d'autres soleils qui, dans cet espace infini, exécutent tous des révolutions de dimensions déterminées et finies autour de leurs propres centres » [1], affirme Bruno dans son ouvrage *De l'infini, de l'univers et du monde*, publié en 1584. On ne peut être plus clair : Bruno défend ici à la fois la pluralité des mondes, l'infinité de l'Univers et la relativité des points de vue. Or, toutes ces idées sont révolutionnaires ! En effet, à cette époque, Galilée n'avait pas encore découvert les satellites de Jupiter ; l'observation des parallaxes, qui permettra de démontrer que le ciel possède une profondeur, était totalement impossible ; et la théorie de la relativité, qui va conduire à l'affirmation que l'Univers n'a pas de centre absolu, devra attendre plus de 300 ans…

Comment Giordano Bruno a-t-il pu élaborer une pensée à ce point visionnaire ? A-t-il été véritablement le premier à développer tous ces thèmes ? En fait, il semble bien qu'il a plutôt apporté une pierre (précieuse et incomparable à maints égards) à un édifice scientifique en pleine construction mais qui le dépassait. C'est Nicolas Copernic qui en a été le véritable initiateur. En effet, en publiant en 1543 sa théorie de l'héliocentrisme (opposée au géocentrisme du Grec Ptolémée, una-

1. Giordano Bruno, *De l'infini, de l'univers et des mondes* (1584), in *Œuvres complètes*, tome IV, Paris, Belles Lettres, 1995.

nimement accepté à l'époque) il a véritablement « délogé » la Terre du centre de l'Univers pour y mettre le Soleil. Il a aussi permis que de nouvelles idées, bientôt des « vérités scientifiques » se déploient dans les esprits des penseurs postérieurs.

Ainsi Giordano Bruno, copernicien convaincu, ira plus loin encore dans la même direction, en détruisant toute idée de centre. En effet, Copernic conserve dans sa conception la représentation antique de la « sphère des étoiles fixes » et défend l'idée d'un Univers fini, limité. Pourtant, l'un de ses disciples, Thomas Digges, reprenant la théorie de son maître, ajoute dans le texte comme dans ses dessins unc profondeur à cette « sphère » des fixes. Pour la première fois, avec Digges, comme le suggère l'historien des sciences Alexandre Koyré, on passe d'un monde clos à un monde « ouvert » mais pas encore à un monde « infini » [1]. Pour Koyré, c'est donc bien Giordano Bruno qui accomplit le premier ce saut dans l'immensité « infinie ».

Rétrospectivement, on peut affirmer que la conception de Giordano Bruno est vraiment celle qui rompt avec la pensée ancienne, celle qui favorise l'avènement de la science et, c'est un cas unique, qui a encore cours aujourd'hui ! Il aura donc été « un des philosophes les plus importants du XVIe siècle » [2] et peut-être plus encore que cela. Mais, paradoxalement, Giordano Bruno n'est pas à proprement parler un penseur moderne : il ne présente pas sa conception nouvelle du monde comme une « vérité scientifique » (fondée sur l'observation et l'expérimentation) mais bien comme une « véritable métaphysique » (une philosophie mâtinée de magie et de mysticisme cosmique). Le saut conceptuel est inauguré mais n'est pas complet.

Ainsi, pour Alexandre Koyré, Giordano Bruno défend un « nouvel Évangile de l'unité et de l'infinité de l'Univers » [3]. *Évangile* contre Évangile : lors de son procès, Giordano Bruno n'oppose pas

1. Alexandre Koyré, *Du monde clos à l'univers infini*, Paris, Gallimard « Tel », p. 56.

2. Article « Giordano Bruno », *in* Dominique Lecourt (dir.), *Dictionnaire d'histoire et de philosophie des sciences*, Paris, PUF, rééd., 2006, p. 129.

3. Alexandre Koyré, *Du monde clos à l'univers infini*, Paris, Gallimard « Tel », 1988, p. 61.

une autre vision du monde (le point de vue de la science) à la vision religieuse, mais une vérité métaphysique à une autre (le dogme catholique). Bien sûr, il distingue la raison « due à la lumière naturelle » de « ce qui doit être tenu selon la foi ». Mais l'opposition et l'incompatibilité de ces deux vérités sont pour les théologiens indéniables, sans contradiction ou ruse. La « guerre des mondes » (science et religion) n'a donc pas vraiment été enclenchée par Giordano Bruno, elle va commencer quelques années plus tard quand des « faits » scientifiques vont s'appuyer sur certaines « idées » philosophiques défendues par Bruno.

Mais le grief « cosmologique » sera, contre Bruno, alimenté jusqu'au bout par les différents accusateurs religieux et même mis en avant du fait qu'il suscite de longs développements dans de nombreux ouvrages publiés dans toute l'Europe intellectuelle. Ainsi, au cours de ses multiples interrogatoires, Giordano Bruno est souvent revenu sur ses paroles blasphématoires ; il a aussi cherché à concilier (avec plus ou moins de succès) ses interprétations théologiques avec le canon de l'Église. Mais il n'a jamais, selon Alain Segonds, nié ou atténué ses conceptions cosmologico-philosophiques. Dès lors, pouvait-il échapper au bûcher ?

Rebelle à tout ordre établi, penseur et écrivain de génie, mais aussi préoccupé de renommée et imprégné de mysticisme, Giordano Bruno est un personnage complexe qui incarne à la fois le passé et l'avenir. Il a vécu dans sa chair le douloureux passage de la pensée antique au modernisme. Il a participé aux « deux mondes » sans être ni tout à fait dans l'un ni tout à fait dans l'autre. Excès d'orgueil, aveuglement, folie, mais aussi fidélité à ses idées cosmologiques peuvent tout à la fois expliquer sa condamnation. Dans tous les cas, sa fin tragique va impressionner tous les philosophes et scientifiques qui vont se succéder au XVIIe siècle.

Or, si la peur va s'installer durablement, la « science nouvelle » ne sera pas freinée. Mais en attendant que la « vérité cosmologique » ne l'emporte, il faudra affronter la plus difficile et problématique des questions : la nature « hypothétique » des différentes conceptions du Monde qui s'opposent en cette première moitié du XVIIe siècle.

2. Le ciel n'est-il qu'une hypothèse ?

« La grande découverte de Copernic réside dans le fait qu'il a transporté le système de coordonnées de la Terre au Soleil. Mais étant donné que le mouvement est relatif et qu'on peut se servir de n'importe quel système de référence, il n'y a pas de raison de donner la préférence à un système de coordonnées plutôt qu'à un autre. »[1] En ce début du XXe siècle, cette affirmation d'Albert Einstein relance le débat sur l'équivalence des systèmes astronomiques initié par la révolution copernicienne, il y a plus de 300 ans. Car la phrase de celui qui allait devenir le plus grand savant de son siècle est parfaitement explicite : *il n'y a pas de raison* de choisir un système cosmologique plutôt qu'un autre ! Faut-il en conclure que nos représentations mathématiques n'ont aucun rapport avec la réalité, que le formalisme suffit et que la réalité profonde, physique, nous échappera toujours ? Au fond, la question à laquelle il faut répondre est : toutes les manières de décrire le ciel ne sont-elles que des hypothèses ?

Un des plus importants astronomes grecs du IIe siècle de notre ère, Claude Ptolémée, avait justement abouti à cette conviction. En effet, pour lui, son système géocentrique n'était pas en accord avec la *vérité* du monde mais seulement avec son *apparence.* Son objectif affiché était donc, comme pour tous les savants grecs, de « sauver les apparences », ce qui n'impliquait pas de rendre *compréhensibles* les phénomènes célestes qu'il observait mais *compatibles* avec la philosophie de son époque. Ainsi Ptolémée acceptait volontiers, et même revendiquait, l'équivalence des constructions cosmologiques : *il n'y a aucune raison* de choisir entre toutes celles qui, même très différentes, rendent compte « également » des apparences.

Pourtant, l'histoire de l'astronomie sera à partir de Copernic, et plus encore avec Galilée, une quête, justement, des *raisons de choisir* un

1. Albert Einstein, *L'évolution des idées en physique* (1936), Paris, Flammarion « Champs », 1993.

système plutôt qu'un autre. En effet, avec l'élaboration au milieu du XVIe siècle du système héliocentrique copernicien, la discussion va s'intensifier et prendre rapidement une ampleur nouvelle. L'exigence et la domination métaphysique grecque s'estompant progressivement, le débat va porter sur la construction même des systèmes, sur leurs valeurs respectives et donc sur le rapport de *l'hypothèse* ou du *modèle* à la *réalité* physique. Comment un tel bouleversement s'est-il produit ? Pour le comprendre, il faut revenir sur la manière dont le problème s'est posé lors du renversement de Ptolémée par Copernic.

L'ouvrage principal de Claude Ptolémée, l'*Almageste*, se présente d'abord comme une somme des connaissances de l'astronomie antique. L'héritage culturel est double, d'une part la physique d'Aristote qui domine la pensée de son époque, d'autre part les observations et théories astronomiques d'Hipparque, d'Apollonius, d'Aristarque ou d'Eudoxe. Des théories d'Aristote, Ptolémée va retenir l'idée de distinction radicale entre le monde *supralunaire* parfait (le ciel) et *infralunaire* imparfait (la Terre). Dans le monde supralunaire il ne se passe « rien ». En effet, ce qui est parfait ne présente aucun signe d'inachèvement, ne manque de rien et n'a aucune raison de changer d'état. Pourtant, il y a les orbites chaotiques en apparence des planètes, ces « astres errants » au sens étymologique. Pour Ptolémée, il s'agira donc de sauver les phénomènes en rendant « parfait et régulier » par la *pensée* tout ce qui nous apparaît « irrégulier et chaotique » dans le *ciel.*

Prenons une planète quelconque. Celle-ci tourne autour de la Terre suivant un cercle principal appelé le *déférent.* Mais ce dernier ne porte pas à proprement parler la planète, elle tourne en réalité sur un autre cercle plus petit, centré sur la trajectoire du déférent, l'*épicycle.* Autrement dit, l'astre effectue deux mouvements orbitaux circulaires (parfaits), le premier autour du centre de l'épicycle, le second autour du centre du déférent (c'est-à-dire la Terre). En n'utilisant que des figures circulaires la planète décrit dans le ciel un mouvement hélicoïdal *apparemment* irrégulier en forme de boucles successives. Mais, en réalité, les cercles étant des figures parfaites, les mouvements erratiques sont eux aussi parfaits. Ce qu'il fallait *sauver...*

La conclusion philosophique de Ptolémée va influencer toute l'histoire de l'astronomie : ce qu'on observe ne sont que des *illusions*, la *réalité* est décrite par les hypothèses *théoriques*. Ainsi Ptolémée s'interroge déjà sur l'équivalence des différents systèmes astronomiques et affirme que c'est justement parce qu'ils sont mathématiques que les modèles sont réels ! La question du rapport à la réalité est donc posée de manière symbolique (extrinsèque) et non pas physique (intrinsèque). Cette position que l'on appelle le « conventionnalisme » s'est perpétuée jusqu'à nos jours. Loin des préoccupations physiques, Ptolémée montre donc que tous les modèles sont équivalents : il va même jusqu'à en réaliser des maquettes mécaniques.

Comment expliquer ce désintérêt pour l'aspect réel, physique du monde ? C'est que Ptolémée est un Grec, il met donc la raison au-dessus de tout ! Cette dernière est pour lui la voie privilégiée pour comprendre le Monde. Autrement dit, les phénomènes que l'on observe avec les sens (dans le cas de l'astronomie, l'œil nu uniquement) sont *moins réels* que ceux que l'on découvre avec les yeux de l'esprit (la rationalité). Les sens sont condamnés à subir l'illusion, et le seul accès au réel est la raison. Il ne s'agissait donc pas de faire plier la théorie aux observations mais, au contraire, de soumettre les phénomènes à la conception rationaliste du monde. Cette hiérarchie a duré jusqu'à la fin du XVIe siècle et ne sera véritablement remise en cause que par Nicolas Copernic.

L'astronome polonais Copernic commence d'abord par changer de centre de l'Univers ; ce n'est plus la Terre mais le Soleil qui l'occupe. En quoi l'héliocentrisme est-il plus *juste*, plus *simple* ou tout simplement plus *vrai* que le géocentrisme de Ptolémée ? Dans son ouvrage *De Revolutionibus orbium cælestium*, publié qu'en 1543 [1] et dédié au pape Paul III, Copernic affirme bien que c'est « la Terre [qui] se meut et qui tourne autour du Soleil » [2]. Dans l'introduction il va même jusqu'à prévenir : « Si d'aventure de vains discoureurs qui, tout en étant totalement

1. Nicolas Copernic, *Des révolutions des orbes célestes* (1543), traduction et introduction par Alexandre Koyré, Paris, Librairie Blanchard, rééd. 1970.

2. *Des révolutions des orbes célestes* (1543), introduction, Paris, Librairie Blanchard, rééd. 1970.

ignorants des mathématiques, prétendent néanmoins juger de ces matières et qui, en raison de quelque passage de l'Écriture malignement détourné dans le sens de leur opinion, osent blâmer et attaquer mon ouvrage, eh bien ! je ne me soucie aucunement d'eux ; mieux même je méprise leur jugement comme téméraire. »[1]

L'affirmation semble révolutionnaire, pourtant elle ne suscite, à l'époque, aucune réaction de l'Église qui a pourtant assimilé la conception « hypothétique » de Ptolémée. C'est que Copernic veut aussi *sauver les apparences*. Sa nouvelle organisation du cosmos ne le conduit pas à élaborer une théorie physique sur les *causes réelles* de ces mouvements parce qu'il reste influencé par des présupposés philosophiques grecs (mouvements naturels, perfection du cercle). Le renversement hiérarchique entre théorie et expérience n'est pas véritablement effectué par le chanoine polonais. Une question se pose alors : en quoi cette nouvelle description des phénomènes célestes est-elle plus pertinente que celle de Ptolémée ? Ne sont-elles pas toutes les deux des hypothèses équivalentes ?

C'est Copernic lui-même, par l'intermédiaire de son ami Andreas Osiander qui a semble-t-il rédigé la préface[2], qui apporte une partie de la réponse à ces questions : « J'estime néanmoins que l'on doit fuir les opinions entièrement contraires à la justice et à la vérité. » Pour lui donc, la supériorité de son système repose bien sur son rapport à la *réalité* et ce n'est pas un système philosophique qu'il faut sauver mais bien la *vérité*. Si la science ne nous condamne pas au monde des apparences, la nouvelle tâche de l'astronome devient donc « sauver la vérité ». Cette quête de la vérité physique consiste pour Copernic à rechercher l'*ordre de la nature*. Ainsi il s'agira de trouver l'explication *la plus rationnelle possible* pour expliquer les phénomènes et non pas *n'importe quelle explication rationnelle*.

Ce nouvel impératif va permettre de faire exploser la portée des théories ou hypothèses scientifiques en leur donnant une prise tant sur

1. *Des révolutions des orbes célestes* (1543), introduction (Lettre au Pape), Paris, Librairie Blanchard, rééd. 1970.

2. Voir l'analyse de cette préface dans mon ouvrage *Du cosmos au big bang, la révolution philosophique*, Paris, PUF « Science, histoire et société », 2006, p. 37.

le passé que sur le futur. En effet, si la nature suit les lois que la théorie la plus adaptée a mises en lumière, il devient donc possible d'expliquer les événements anciens et de prévoir les futurs. Et non plus, comme c'était le cas jusque-là, d'ajuster la théorie au fur et à mesure des observations sans se préoccuper de continuité temporelle. La possibilité de telles prédictions deviendra même un critère de validation des théories. La description héliocentrique de Copernic est donc équivalente à celle de Ptolémée du point de vue « observationnel », mais, du point de vue « physique », c'est-à-dire universel et finalement scientifique, des différences notables se font jour. Ainsi, le débat s'est déplacé de *l'observation* à *l'explication*, c'est-à-dire du primat de la « vision » du monde au primat de la « compréhension » du monde. Pourtant, les acquis de Copernic, qui semblaient définitifs, vont être remis en cause par l'un des plus grands astronomes de tous les temps, Tycho Brahé.

Dès son plus jeune âge, Tycho Brahé va consacrer sa vie à l'observation et la compréhension du ciel. Sa passion des mesures de précision va sonner définitivement le glas de la physique approximative grecque et préparer les travaux des grands savants du futur (Galilée et Kepler notamment). Par contre, un conservatisme religieux va le conduire à combattre farouchement l'héliocentrisme en élaborant un nouveau système du monde à mi-chemin de ceux de Ptolémée et de Copernic. Ce faisant, Tycho Brahé relance le débat sur l'équivalence entre les différentes descriptions des systèmes planétaires. Et l'on peut se demander pourquoi, si Copernic a *révélé* la vérité en élaborant son système, l'observateur le plus méticuleux du ciel qu'a été Tycho Brahé ne l'a pas acceptée ?

En effet, donnant un compte rendu détaillé des observations de la comète de 1577 dans son *Traité* publié en 1578, Tycho Brahé affirme que les difficultés à intégrer l'« astre chevelu » dans le système de Ptolémée peuvent être levées si l'on considère un « nouveau système » qu'il est en train d'élaborer. Celui-ci ne sera clairement exposé que dix ans plus tard. L'objectif essentiel est incontestablement de rétablir l'immobilité de la Terre. Elle retrouve en effet, comme chez Ptolémée, la place privilégiée de centre immuable de l'Univers. Elle devient ainsi le pivot autour duquel tournent la sphère des étoiles fixes, la Lune et le Soleil. Mais ce dernier, comme dans le système héliocentrique, devient un *autre centre* puisque les planètes Mars, Jupiter et Saturne orbitent autour de lui.

Ainsi l'on comprend que si Tycho Brahé n'a pas accepté l'héliocentrisme c'est pour respecter l'expérience la plus évidente, l'immobilité de la Terre. En supposant son mouvement, Copernic allait contre la *réalité sentie* par tous et imposait une théorie contre le sens évident et sans preuves ! En effet, si la Terre se meut, lorsqu'on jette une pierre en l'air elle ne devrait pas retomber à la verticale. Il faudra attendre Galilée, au début du XVIIe siècle, et son « navire sur une mer calme », pour réconcilier mouvement terrestre et chute verticale. L'autre grand argument pour refuser les mouvements de la Terre est sans aucun doute, pour Tycho Brahé, d'ordre religieux. L'Église, qui jusqu'ici était ouverte à certaines idées non orthodoxes, va peu à peu se radicaliser et, sentant le danger que constitue cette nouvelle science naissante, se fermer aux nouvelles idées *même* si elles ne sont présentées que comme des hypothèses.

Dans cette « course scientifique à la réalité » initiée au XVIe siècle, les observations n'étaient donc pas assez précises pour *montrer* ou *démontrer* la vérité. Ce que l'on voyait dans le ciel, les apparences, étaient aussi bien expliquées par les systèmes de Ptolémée, Copernic ou Tycho Brahé. Faut-il en conclure qu'aujourd'hui, fort de théories compliquées et généralement acceptées, ainsi que d'instruments d'observations puissants, le règne des hypothèses est révolu au profit de celui de la vérité triomphante ? Ce serait bien présomptueux et sans aucun doute faux. Nos « vérités » sur l'origine ou l'avenir de l'Univers, ou même nos « hypothèses » sur l'unification des forces de la nature ou la composition de la matière manquante de l'Univers seront sans aucun doute, elles aussi, bouleversées dans l'avenir.

Il est en revanche fondamental de « tirer des leçons » de cette première confrontation historique entre *hypothèse* et *réalité*, *modèle* et *vérité*. D'abord, il semble vain de se fixer de manière dogmatique sur des domaines de recherche « prometteurs » en ayant comme idée fixe de les développer au maximum sans jamais (ou rarement) les remettre en cause. Ensuite, et peut-être surtout, il ne faut pas isoler totalement le monde de la recherche pure (fût-elle mathématique !) de la réflexion philosophique qui est toujours une source de distance, de clarification, de critique et finalement de progrès.

Parmi les apports les plus fondamentaux de la philosophie à la science, il y a sans aucun doute la prise en compte du contexte du développement scientifique, c'est-à-dire du « contexte de la découverte ». Car même dans le cas des plus grands savants, le contexte peut dominer le génie et l'empêcher de « voir » la réalité, aveuglés par l'état de la pensée de son époque. Des exemples de telles paradoxales « découvertes impossibles » sont nombreux dans l'histoire. Un des plus remarquable est la « non-découverte » de la planète Neptune par Galilée lui-même ! En effet, l'homme qui a ouvert, au début du XVIIe siècle, les yeux de l'humanité sur les taches du Soleil ou les satellites de Jupiter, n'a pu reconnaître la planète Neptune pourtant vue et dessinée plusieurs fois dans ses cahiers. La « vérité scientifique » dévoilait alors une de ses caractéristiques principales : c'est un combat toujours recommencé.

3. Pourquoi Galilée n'a pas découvert Neptune ?

En 1609, après avoir construit sa première lunette, Galilée pointe pour la première fois dans l'histoire de l'humanité un instrument d'optique vers le ciel. Il y distingue des choses que personne n'avait vues auparavant : des montagnes sur la Lune, des étoiles jusqu'ici invisibles et quatre petits corps autour de la planète Jupiter. Conscient de l'importance de ces observations, il les communique au plus grand nombre en écrivant et publiant son ouvrage *Le messager des étoiles*[1]. À partir de ce moment, la vision de l'Univers pour l'ensemble des observateurs ne sera plus jamais la même. La Lune ressemble à la Terre, détruisant la distinction grecque entre le ciel parfait et la Terre

1. Galileo Galilei, *Le messager des étoiles* (1609), Paris, Seuil « Sources du savoir », 1992.

lieu de corruption. Les milliers d'étoiles nouvelles soulignent la nécessité d'utiliser des instruments d'observation pour pousser plus loin la connaissance astronomique. Jupiter devient un nouveau centre autour duquel tournent des satellites, privant ainsi la Terre de son antique privilège et préparant l'acceptation future de l'héliocentrisme copernicien.

La leçon de ce moment de l'histoire des sciences semble limpide : ces nouveautés sont autant de *découvertes* effectuées en un temps relativement ramassé par un personnage unique, de manière totalement inattendue et du seul fait de l'instrumentation utilisée. Cette conception classique de la découverte scientifique renvoie à une analyse en terme d'*événement* qui s'impose de l'extérieur et va se répercuter comme une onde de choc sur l'ensemble du savoir d'une époque. Cette sorte « d'heureuse coïncidence » qui a fait se correspondre une donnée historique (la théorie héliocentrique de Copernic) avec la découverte de faits qui appuient cette nouvelle conception, peut laisser croire qu'il s'agit de découvertes *exemplaires*. Pourtant, la question se pose de savoir jusqu'à quel point ces observations de Galilée peuvent être considérées comme des découvertes. Ou, plus précisément, de quel type de découvertes il s'agit.

Cette interrogation peut se faire à partir de la distinction faite par l'épistémologue américain Thomas Kuhn entre « science normale » et « période de crise »[1]. Car pour l'historien des sciences, la nature d'une découverte ne dépend pas de son *contenu* ni même de sa portée mais de son *contexte*, c'est-à-dire de l'« l'état de la science » dans lequel elle a été faite. En effet, en « période normale » il n'y a pas, pour Kuhn, de découverte à proprement parler. La période normale n'a pas pour objectif de faire des *découvertes* (au contraire !) mais seulement de « résoudre des *énigmes* ». Ce travail en profondeur peut être réalisé (ou non) à l'aide de découvertes (au sens faible du terme). Car pour Kuhn les véritables découvertes (au sens fort du terme) ne sont possibles que quand la science est en « état de *crise* ». Il ne s'agit plus

1. Thomas Kuhn, *La structure des révolutions scientifiques*, Paris, Flammarion « Champs », 1983.

alors de résoudre des *énigmes* mais de faire face à des *anomalies*. Plus précisément, « la découverte commence avec la *conscience* d'une anomalie ».

La distinction est importante car, en période normale, la découverte peut être prévue, attendue (par exemple une prédiction théorique qu'on vérifie) alors qu'en période de crise il est impossible de savoir quand va survenir l'anomalie, comment elle va être résolue et assimilée, ou bien les conséquences de cette assimilation. Pour Kuhn, ce n'est que dans ce second cas qu'on peut, et que l'on doit, parler de « révolution scientifique ». Au sens strict donc, les seules véritables découvertes sont celles qui, s'attaquant à une anomalie, vont se révéler *révolutionnaires*, et de ce fait sont inattendues et en grande partie imprévisibles. Les découvertes de Galilée sont donc bien inattendues et révolutionnaires pour les tenants de l'astronomie géocentrique de l'époque. Mais, précise Kuhn, elles ne doivent pas, si l'on pense aux développements de l'héliocentrisme copernicien, être considérées comme ponctuelles et dues au seul génie du savant florentin.

En réalité, Galilée participe ainsi à la résolution d'anomalies qui se sont posées près d'un siècle avant ses propres observations. Le système en vigueur était alors celui de Ptolémée et les énigmes étaient principalement celles de la précision dans la position des planètes et la précession des équinoxes : *les découvertes de Galilée ont commencé à ce moment-là !* Autrement dit, si elle implique la surprise et l'inattendu, la découverte suppose aussi une certaine durée, c'est-à-dire une *structure*. Il n'y a pas pour Kuhn de découvertes révolutionnaires ponctuelles. Au contraire, elles nécessitent du temps, elles ont une histoire. En effet, puisque les découvertes révolutionnaires remettent en cause le système explicatif du monde antérieur, elles vont inévitablement conduire à des réajustements qui ne peuvent être réalisés instantanément. Les découvertes de Galilée participent à la *découverte* plus générale baptisée « révolution copernicienne », qui commence avec la prise de conscience des anomalies du système de Ptolémée et se termine avec l'élaboration de celui de Newton, plus de deux siècles après !

Ainsi en 1609, Galilée, émerveillé par les nouvelles étoiles qu'il observe dans le ciel grâce à la lunette qu'il vient de construire, dessine très précisément certaines d'entre elles. Pendant plusieurs jours, il va suivre la course de ces astres en les repérant les uns par rapport aux autres. Or, l'un d'entre eux se déplace sur le fond du ciel beaucoup plus vite que les autres. Galilée note ce déplacement sur ses dessins sans jamais prendre conscience de la particularité de cette *étoile* : il vient, en fait, d'observer pour la première fois celle qui deviendra la planète Neptune ! Près de 250 ans avant Le Verrier, la dernière planète géante du système solaire avait donc déjà été vue par un des plus grands astronomes de l'histoire. Qui donc a finalement découvert Neptune ? Question étonnante mais significative. L'histoire a retenu Le Verrier comme découvreur *officiel* de la planète portant le nom du Dieu grec des mers. Mais, à la bataille qui a fait rage à l'époque entre Le Verrier, l'Anglais Adams qui, un mois avant le Français en octobre 1845, avait déposé à l'observatoire de Greenwich les mêmes calculs prédictifs, et l'observateur allemand Galle qui a effectué la première reconnaissance observationnelle, il faut donc ajouter… Galilée.

Faut-il considérer la simple observation, le « pur » résultat d'expérience comme la référence en matière de découverte ? Cette interrogation renvoie à l'analyse de la relation entre le « réel » et la « science », c'est-à-dire *in fine* à la définition de la « vérité scientifique ». On conçoit souvent l'acte de connaissance comme le fruit d'un dialogue entre la Nature et l'esprit humain. Mais cette métaphore est trompeuse car il n'y a pas de relation symétrique et équilibrée dans ce dialogue. La Nature telle qu'elle se présente à nos sens n'a pas de discours propre, ni de message à transmettre : Neptune n'a pas « parlé » à Galilée ! Il n'y a pas d'acte de connaissance du seul fait de ce contact sensoriel, immédiat, évident. Par contre, le travail de l'entendement fait émerger *un message*, *un discours* et finalement *une connaissance* de la Nature. Il n'y a donc pas de phénomène naturel sans travail de la réflexion. Ce qui ne veut pas dire que le phénomène naturel n'existe pas. Car il ne faut pas confondre « sens » et « existence » : la planète Neptune peut bien exister depuis plus de quatre milliards d'années, elle ne prend de sens (pour nous) que lorsque l'entendement en prend conscience.

Reste à savoir quels sont les mécanismes de cette reconstruction qui déterminent dès lors le développement de la connaissance, c'est-à-dire aussi l'avènement des découvertes à venir ? Deux visions principales s'affrontent : la toute-puissance de l'« histoire de la pensée » et la toute-puissance du « contexte social ». La première tend à démontrer que l'histoire des sciences peut s'expliquer par l'histoire de la structure profonde de la pensée. Dans ce cas, ce qui permet de connaître la nature, d'identifier les phénomènes et donc de faire des découvertes c'est la *structure* (principalement rationnelle) de l'esprit humain. Il s'agit finalement d'une reconstruction « conceptuelle » de la Nature. À l'opposé, la seconde conception s'intéresse à l'environnement social pour rendre compte de la science et de son développement. Ici, les structures de la pensée perdent leur « transcendance » pour ne devenir que des « produits » d'une idéologie particulière, historiquement datée.

Mais, dans les deux cas, les découvertes sont le fruit d'une « nécessité » (conceptuelle ou sociale) sans rapport direct avec le phénomène naturel lui-même qui devient secondaire et vidé de toute signification intrinsèque. On ne voit finalement que ce que l'esprit ou la société veut bien nous montrer, la nature jouant le rôle de miroir. Ainsi Galilée est, ou bien le porte-parole d'une pensée qui le dépasse, ou bien le porte-parole d'une société qui le domine, mais jamais le porte-parole de la Nature elle-même. Donc Galilée ne pouvait pas *découvrir* Neptune sans posséder la théorie de la gravitation de Newton. Ou encore, Aristarque de Samos, au IIIe siècle avant notre ère, ne pouvait pas faire la *révolution copernicienne* même après avoir imaginé un système héliocentrique. La *raison* d'une découverte renvoie à l'Univers intellectuel de l'époque. Comme l'affirme Kuhn : « Quand Aristarque formula sa théorie, le système géocentrique, beaucoup plus conforme à la raison, ne présentait aucune lacune dont on aurait pu songer à chercher la solution dans un système héliocentrique. »

Que devient la découverte scientifique avec une telle conception ? Un simple « déclic » ! Car la découverte en elle-même n'a aucune importance : la même théorie chez Aristarque ne fait rien alors que chez Copernic elle renverse tout ! Le monde aurait-il été différent si

Galilée avait eu conscience de sa *découverte* de Neptune ? Certainement. Mais sa *non-découverte* n'est pas moins importante et, jusqu'à aujourd'hui, intéressante. Car ce que Galilée « a été conduit » à *observer* comme ce qu'il « n'a pas pu » *découvrir* souligne le rapport complexe que l'homme, et plus particulièrement le scientifique, entretient avec la Nature. Il ne s'agit jamais d'assimiler l'existant, vu, enregistré, et la conscience qui lui donne un sens pour l'homme. Le rapport à la Nature n'est jamais simple ni direct, il y a toujours un médiateur. Pour certains, ce médiateur est l'esprit rationnel qui s'appuie sur la Nature pour se découvrir soi-même tout en découvrant la nature. Pour d'autres, c'est la situation historique particulière, sociale, idéologique qui détermine ce qui est du domaine de la science et ce qui mérite le statut de découverte en prenant, en même temps, conscience d'elle-même.

La position épistémologique intermédiaire de Thomas Kuhn prend en compte de multiples facteurs qui traversent l'histoire de la science et de ses révolutions. La découverte n'est plus un événement mais une suite imbriquée d'événements qui ne deviennent réellement scientifiques que lorsqu'ils forment un « ensemble cohérent ». Cet ensemble est tout à la fois fait d'expériences et de théories, avant d'arriver à une théorie générale acceptée par (presque) tous. La validité de celle-ci n'est pas garantie dans le temps, mais cette cohérence suffit à donner le statut de scientificité à des constructions désavouées par la suite. Le « modèle cohérent » à un moment donné possède une valeur *inaliénable*, indiscutable, quelles que soient les remises en causes postérieures.

La notion de découverte scientifique reste toujours instructive à penser du fait qu'elle se trouve au carrefour de nombreuses interrogations sur l'histoire des sciences et renvoie toujours aux rapports complexes de la « pensée » de l'homme (au sens large : sa rationalité, sa soumission à la société, etc.) avec la « réalité » de la Nature. Galilée a, plus que tout autre homme de science, cherché à approfondir ce dialogue qui lui tenait à cœur plus que sa tranquillité, sa vie même. C'est pour cette raison que la controverse sur le statut épistémologique de Galilée est une des questions les plus importantes et *toujours* actuelle.

Notamment concernant sa contribution à l'élaboration du « principe de relativité ». A-t-il, à son époque, dans son contexte, privilégié la théorie ou l'expérience ? Était-il un savant, un philosophe ou les deux à la fois ? En quoi, finalement, a-t-il enrichi et fait progresser la notion de vérité scientifique ?

4. L'EXPÉRIENCE DE LA VÉRITÉ

Dans un ouvrage qu'elle consacre à la théorie de la relativité, la physicienne et historienne des sciences Françoise Balibar affirme qu'il n'est plus possible de faire aujourd'hui « comme si Einstein avait inventé *la* relativité alors que l'idée de relativité date de Galilée et fonde toute la physique classique » [1]. Mais en quoi Galilée est-il celui qui inaugure une vision « relativiste » des phénomènes physiques ? C'est dans son ouvrage majeur, le *Dialogue sur les deux grands systèmes du monde* qu'il faut chercher la réponse à cette question. En fait, Galilée poursuit dans ce livre publié en 1632 deux objectifs majeurs. D'une part, diffuser au plus grand nombre possible (c'est pourquoi l'ouvrage est rédigé en italien en non pas en latin) l'hypothèse copernicienne du mouvement de la Terre et du modèle héliocentrique du système solaire. D'autre part, s'opposer directement à la physique aristotélicienne pour fonder une « science nouvelle ». C'est ce second objectif que l'histoire a reconnu être à l'origine de la théorie de la relativité. Jusqu'à quel point ?

Cet objectif « physique » entièrement tourné contre la tradition astronomique grecque alors dominante ne doit pas faire oublier que cette dernière a été en grande partie intégrée par le dogme catholique. S'attaquer à Ptolémée ou à Aristote peut donc conduire aussi à remettre en cause des *vérités* soutenues par la religion dominante. Galilée connaît ces dangers et saura donc faire preuve dans son *Dialogue*

1. Françoise Balibar, *Galilée, Newton lus par Einstein*, Paris, PUF « Philosophies », rééd., 2007.

de ruse et de prudence. Malgré cela, il ne pourra pas éviter que son œuvre soit mise à l'Index et condamnée par l'Inquisition catholique un an plus tard, en 1633 !

Néanmoins, la première ruse consiste dans la forme même de l'ouvrage. L'utilisation du dialogue est une référence explicite au grand maître et contradicteur d'Aristote : Platon. Ainsi, pour mieux marquer sa volonté de renversement total, Galilée retourne, par-dessus Aristote, à la tradition platonicienne. Or, que nous a appris Platon ? Qu'il faut, pour bien bâtir une pensée, se débarrasser de toutes les opinions antérieures ; dans le cas qui nous préoccupe : aristotéliciennes, ptoléméennes et chrétiennes ! Par ailleurs, la dialectique de Platon permet à celui qui la pratique « d'accoucher » de la vérité après avoir buté sur de violentes contradictions qu'il faut donc rejeter. Ainsi, grâce aux personnages de son dialogue, Galilée peut, derrière Salviati le « moderne », convaincre Sagredo la figure du « bon sens » imprégné d'opinions non fondées et mettre en contradiction les propres arguments de Simplicio, représentant la « tradition » aristotélicienne. Malgré ce dispositif littéraire, Galilée va multiplier les affirmations « prudentes » pour, tout en défendant la thèse héliocentrique de Copernic, laisser la porte ouverte à des interprétations en termes de « systèmes équivalents » et donc tenter d'éviter la confrontation directe avec le dogme géocentrique de l'Église. Avec le peu de résultats que l'on sait…

Mais la révolution scientifique est en marche. Écoutons Salviati-Galilée : « Le mouvement est mouvement et agit comme mouvement pour autant qu'il est en rapport avec des choses qui en sont dépourvues… » [1] Cette relation entre ce qui se meut et ce qui reste fixe n'est pas une conception nouvelle du mouvement. En effet, Galilée se contente de suggérer un changement de point de vue : c'est la perspective qui définit ce qui change et ce qui bouge. Ainsi, il n'y a pas de « principe relativiste » dans cette première partie de la phrase parce que, quelle que soit la perspective, ce qui « bouge » s'oppose à

1. Toutes les citations sont tirées du *Dialogue sur les deux grands systèmes du monde*, Paris, Seuil « Sources du savoir », 1992 (rééd. « Points sciences », 2000).

ce qui « ne bouge pas », les deux états considérés sont *intrinsèquement* différents. Car si on caractérise un état par rapport à un autre du point de vue de la pensée c'est justement pour ne pas les confondre. On chercherait vainement ici l'affirmation qu'ils pourraient être, par eux-mêmes, équivalents.

C'est la seconde moitié de la phrase qui renverse, l'air de rien, toute la vision perspectiviste traditionnelle : « Pour toutes les choses qui y participent également, il n'agit pas, il est comme s'il n'était pas. » Le paradoxe de la formule (« est comme s'il n'était pas ») déploie, en effet, toute la force de l'intuition et la révolution de la pensée ! Pour saisir toute la portée de l'argument il faut se souvenir que, dans la physique d'Aristote, ici visée, le repos et le mouvement ne peuvent en aucun cas être de même nature. Or, si pour Galilée ce qui *est* (le mouvement) est, dans certaines conditions, comme s'il *n'était pas* (le repos), cela veut dire qu'il y a une *analogie* entre les deux états et non plus une *opposition* (qui permettait de les caractériser quelle que soit la perspective adoptée). Il devient dès lors impossible de définir un état par lui-même (de manière propre, interne, naturelle), mais il faudra le faire « par rapport » à un autre état (de manière externe, non propre et naturelle). Le rapport est donc plus essentiel que l'état, d'où l'importance centrale du « principe de relativité ».

Ainsi, les deux thèses métaphysiques aristotéliciennes essentielles sont balayées. D'une part, le repos n'est pas l'état « naturel » des corps (à l'image des astres du ciel qui se mouvant sur des cercles parfaits sont le plus proche possible du repos). D'autre par, le mouvement n'est pas l'état « contre nature » des corps qui souffrent de la violence de ne pas être en repos et cherchent par tous les moyens à s'immobiliser (explication donnée pour la chute des corps lourds). Conséquence philosophique : il n'y a pas de finalité dans la nature basée sur l'idée que le repos étant assimilé à la perfection tout tend *naturellement* vers cet état. Conséquence scientifique : la relativité des états n'est plus un effet de *perspective* mais la *nature même* des phénomènes. Ce qui était une manière de parler devient un principe explicatif et ce qui est affirmé n'est plus une « hypothèse » mais la « vérité ».

Restait à prouver expérimentalement son intuition théorique. Autrement dit à démontrer que Copernic a eu raison de mettre la Terre en mouvement, même si on ne le sent pas… En effet, par cette définition, le mouvement pouvant être, dans certaines circonstances « comme nul », il devient normal, ou du moins possible, que le mouvement de la Terre étant l'équivalent du repos, nous ne le sentions pas. Pour illustrer, concrétiser et installer autant que possible dans l'esprit de ses contemporains ces idées révolutionnaires, Galilée va réaliser (vraiment ou en pensée, la question d'histoire des sciences reste ouverte) deux expériences : « le bateau sur une mer calme » et « les corps en chute libre ». Il faut d'ailleurs signaler que le fait que ces expériences soient uniquement « de pensée » ne change rien à la démonstration car elles prennent le risque de la vérification (ou de la falsification) et s'appliquent à des phénomènes réels (rotation de la Terre).

Première expérience relativiste : un navire transportant des marchandises de Venise à Alep sur une « mer d'huile » et voguant à « vitesse constante ». Les conditions sont donc bien définies : pas de mouvements irréguliers dus aux vagues ni de variations de vitesse dues au bateau. On parlerait aujourd'hui d'un mouvement rectiligne et uniforme. Dans ces conditions, affirme Galilée, à l'intérieur de la cabine du bateau, il est impossible de « savoir si le navire avance ou s'il est arrêté ». Le mouvement est expérimentalement, pour les sens, comme nul. En quoi est-ce une expérience relativiste ? C'est que, mouvement ou pas, si les *rapports* des choses ne se modifient pas (tout le bateau avance harmonieusement) les *lois* restent les mêmes. Autrement dit, les lois de la nature sont *universelles* parce que le principe de relativité est naturel ! Notons d'ailleurs que le terme de *relativité* ne renvoie pas à un *relativisme* des lois mais au contraire à une *universalité* des lois.

Ainsi, dans la cabine du bateau, les papillons volent avec la même facilité quelle que soit la direction de leur déplacement et de celui du bateau, et les objets tombent sur le sol en ligne droite, toujours au même endroit. Application « pratique » et bien connue (sans être comprise) : les distances d'un lancer de boulet sont les mêmes quelle que soit la direction visée. Il y a donc bien dans cette cabine de bateau (en mouvement) un « monde » harmonieux qui respecte les mêmes lois universelles que sur la Terre ferme (en repos). Le même raisonnement vaudra par analogie pour la Terre même si, à son époque, on ne peut sortir de notre planète, comme de la cabine, pour vérifier. L'universalité du principe justifie la conclusion *expérimentale* sur le mouvement terrestre.

Galilée suggère donc un voyage cosmique que les humains ne peuvent pas sentir par le fait qu'il s'effectue d'un mouvement « qui soit uniforme et ne fluctue pas de-ci de-là ». Mais que se passe-t-il si le mouvement n'est pas « uniforme » ? Comment comprendre le mouvement, par exemple, des corps en mouvement « accéléré » comme ceux qui chutent vers le sol ? La nouvelle physique des « relations entre les corps » est-elle capable d'en rendre compte ? Pour continuer son interrogation, Galilée va imaginer une autre expérience, aussi fondamentale que celle du navire, celle de la Tour de Pise. De quoi s'agit-il ? Galilée voulait prouver que tous les corps dans le vide (c'est-à-dire libéré de toutes les influences extérieures notamment de l'atmosphère terrestre) tombent à la même vitesse.

Cette affirmation revêt en fait deux aspects totalement distincts. Le premier consiste à affirmer que deux corps de même composition mais de poids très différents (un gramme de plomb et un boulet de plomb, par exemple) tombent à la même vitesse. Si le bon sens, ici encore, semble s'opposer à cette affirmation (hier comme aujourd'hui), un argument classique connu bien avant Galilée met fin à la discussion. En effet, imaginons que le boulet de canon soit fragmenté en grammes individuels de plomb simplement reliés par une ficelle. Chaque gramme tombant à la même vitesse, l'ensemble du boulet fragmenté chuterait à la vitesse de chacune de ses composantes donc à la même vitesse qu'un gramme de plomb seul. L'idée reçue qui veut qu'un objet plus lourd tombe plus vite qu'un objet plus léger est de ce point de vue aussi illusoire qu'absurde. Mais le véritable enjeu du principe de relativité en rapport avec la gravitation n'est pas là.

Car il y a un second aspect, plus fondamental et révolutionnaire, de l'affirmation galiléenne : deux corps de composition « différente » tombent aussi à la même vitesse. Si le bon sens ici ne trouve rien de choquant (un gramme de plume chute comme un gramme de plomb), la physique, elle, est paradoxalement mise devant un fait contradictoire avec ce qu'elle décrit par ailleurs. En effet, toutes les autres forces de la nature (aujourd'hui connues sous les noms de « forte », « faible » et « électromagnétique ») agissent différemment en fonction de la matière en cause. Dans le cas de la gravitation, la composition matérielle ne joue aucun rôle dans l'accélération qu'elle acquiert du fait de la chute. Pour le dire en termes plus précis : il y a une universalité de la chute libre ou du couplage à la gravitation. Pourquoi une telle particularité de la gravitation ? Comment l'expliquer scientifiquement ?

Sans pouvoir « démontrer » théoriquement cette affirmation, Galilée a voulu par l'expérience de la Tour de Pise « montrer » la *vérité* de l'universalité de la gravitation. Son contenu relativiste sera mis en lumière progressivement dans l'histoire avec les travaux de Newton et, définitivement, au début du XXe siècle par ceux d'Einstein. Ainsi en 1915, Einstein décide, pour mieux comprendre la gravitation, de ne pas en tenir compte ! En effet, puisque tous les corps tombent à la même vitesse, il imagine un autre « monde en réduction » (sorte de cabine spatiale sur le modèle de la cabine de bateau) où tous les objets chutent en même temps. Si l'on ne tient pas compte de la chute, qui n'est perceptible que de l'extérieur, de l'intérieur les corps ont perdu leur poids initial (effet de la force de gravitation) : ils flottent librement les uns par rapport aux autres. Un tel effet explique pourquoi les astronautes et tout ce qui les entoure flottent dans leurs cabines spatiales : en fait, ils sont tous en chute libre !

Ces « mondes clos » sur eux-mêmes (cabine de navire ou vaisseau spatial) se nomment en langage physique des « référentiels en chute libre ». La théorie de la relativité générale d'Einstein généralise donc le « principe de relativité » quels que soient le lieu et le mouvement des objets dans l'Univers. Et valide ainsi les intuitions géniales et déjà *relativistes* de Galilée… Avec son élaboration théorique et mathématique, la relativité va même devenir un des outils scientifiques les plus féconds du XXe siècle (big bang, trous noirs, pulsars…). Du point de vue expérimental, la relativité générale n'ayant aucun paramètre libre, tout résultat contradictoire (même infime) peut remettre en cause l'ensemble de l'édifice et des certitudes acquises depuis quatre siècles ! Une crainte pour certains, un espoir pour d'autres…

Dans ce contexte, la contribution initiale de Galilée est incontestable, même si certains mystères demeurent. En effet, pourquoi, alors qu'il possède tous les arguments pour convaincre les esprits de son temps (la Terre est comme la cabine d'un navire) et vaincre les illusions des sens (tout est une question de point de vue), Galilée ne choisit-il pas *radicalement* et *clairement* entre Copernic et Ptolémée ? Il affirme au contraire qu'il revient au même « si la Terre seule se meut alors que tout le reste de l'Univers est immobile ou si, alors que la Terre seule est immobile tout l'Univers se meut d'un même mouvement ». Prudence encore ? Voire peur ? Pour répondre à cette interrogation, il faut revenir à l'idéologie scientifique et philosophique qui régnait à l'époque de Galilée. En effet, cette dernière était héritée du monde grec et reposait avant tout sur une « métaphysique », une vision globale du monde, c'est-à-dire une « philosophie » au sens fort du terme. Ce qu'on va appeler l'autonomisation de la science est à peine commencée.

On peut donc penser qu'il était impossible à Galilée, précurseur et donc intermédiaire entre deux mondes, de remplacer une partie de la construction idéologique (science) sans remplacer l'autre (philosophie). Et il n'est pas douteux que le savant italien ait voulu, lui aussi, fonder ses principes physiques sur de nouveaux concepts philosophiques. Ces derniers ont-ils *freiné* la révolution relativiste « scientifique », affaibli ses affirmations ? Faut-il aller jusqu'à penser, comme certains historiens des sciences, que le *Dialogue* est finalement « une œuvre philosophique » [1] ? Pour répondre à cette question fondamentale, il faut pou-

1. Selon l'expression de Alexandre Koyré, *Études galiléennes*, Paris, Hermann, 1986, p. 212.

voir identifier le rôle exact de la philosophie dès l'origine de la science moderne.

Face aux avancées scientifiques en ce début du XVIIe siècle, que pouvait dire la philosophie et plus particulièrement la métaphysique ? Parmi les plus grands philosophes de l'époque, René Descartes aura été l'un de ceux qui se sera le plus intéressé à la science naissante et plus particulièrement à l'idée de relativité. Il faut donc revenir sur sa contribution scientifique *et* philosophique pour mieux comprendre les enjeux du moment et leur postérité. C'est toute la question des relations, voire de l'opposition, entre science et philosophie qui sera éclairée.

5. La science s'oppose-t-elle à la philosophie ?

Dans son ambition de fonder une nouvelle physique, Descartes partage avec Galilée, d'une part la volonté de se débarrasser de l'aristotélisme, d'autre part l'utilisation de Platon pour arriver à ses fins. En effet, en utilisant la dialectique platonicienne, Galilée veut dans un premier temps balayer toutes les opinions actuelles non fondées de ses contemporains. Or, toute la philosophie de Descartes invite à inaugurer la pensée par un « doute radical » qui ferait « table rase » dans notre esprit. Ce doute absolu doit se porter tant sur la tradition et l'éducation que sur les sens ou les perceptions. Il fonde ainsi une philosophie du sujet (« je suis ») qui grâce à la raison (« je pense ») peut accumuler les certitudes dont le critère de vérité sera la *clarté* des énoncés.

Malgré sa connaissance de certains travaux de Galilée, Descartes se place donc dans l'optique de tout fonder par sa seule raison et délaisse certains débats contemporains pour ne s'attaquer qu'à Aristote. Une démarche parallèle à celle de Galilée plutôt que complémentaire qui n'hésitera pas non plus à utiliser des ruses et des détours pour éviter, lui aussi momentanément, la condamnation de l'Église.

Ainsi va-t-il jusqu'à qualifier sa propre physique de « roman » [1], inviter les religieux à tirer des arguments de sa doctrine pour renforcer celle de l'Église, et même se défendre d'innover par rapport à Aristote ! [2] Il n'évitera pourtant pas la mise à l'Index de ses œuvres en 1663.

En fait, dès ses premières définitions, il s'attaque à une des notions clé d'Aristote, le lieu : « L'espace, ou le lieu intérieur, et le corps qui est compris en cet espace, ne sont pas différents aussi... que par notre pensée. » [3] Cette phrase est certainement une des plus importantes de la physique cartésienne. En effet, lorsqu'on débarrasse un corps de toutes ses qualités, il ne reste que l'étendue qui dès lors devient la substance même de ce corps. Et si la substance devient l'étendue (avec trois dimensions), c'est l'espace en tant que tel qui disparaît. On pourrait dire, sans se soucier de l'anachronisme, qu'il fait ainsi disparaître la notion « d'espace absolu ». Ainsi, puisqu'il n'y a plus d'espace extérieur (ou « absolu ») aux corps auquel ils pouvaient se référer, les seuls repères qui vont subsister seront les *relations* que vont échanger les différents corps entre-eux. Comme le souligne René Dugas, « une même chose peut être réputée changer de lieu ou n'en point changer, selon les corps que nous considérons comme immobiles... » [4] Il y a donc bien une mise au premier plan des relations entre les corps qui seule permet une description qualitative de ces même corps. Le principe de relativité apparaît de cette nécessité première de tout mettre en rapport.

Cet aspect relativiste est encore plus prononcé lorsqu'il définit le mouvement comme « le transport d'une partie de la matière, ou d'un corps, du voisinage de ceux qui le touchent immédiatement, et que nous considérons comme en repos, dans le voisinage de quelque

1. Descartes : «Je voudrais qu'on parcourût (ce livre) d'abord tout entier ainsi qu'un roman...», préface de l'édition française des *Principes de la philosophie*, Paris, Gallimard « Bibliothèque de la Pléiade », 1953, p. 564.

2. « (Je ne se sers) d'aucun principe qui n'ait été reçu par Aristote et par tous les philosophes qui ont jamais été au monde », *Principes*, IVe partie, § 200, p. 662.

3. *Principes*, IIe partie, § 10, p. 616.

4. René Dugas, *La mécanique au XVIIe siècle*, Neuchâtel, Éd. du Griffon, 1954, p. 179.

autre » [1]. Première conséquence anti-aristotélicienne : le mouvement n'est pas une « substance » de la chose mue mais une « propriété ». Il n'y a donc plus de qualité métaphysique assignée aux corps en mouvement. De la même façon, le repos, comme le mouvement, est une propriété des corps et non plus une substance ou qualité aristotélicienne. Cette destruction d'une partie de la physique aristotélicienne est équivalente à celle effectuée, à sa façon, par Galilée. Deux principaux aspects *relativistes* sont à retenir. D'une part, le mouvement et le repos se définissent par la mise en rapport l'un de l'autre. Ce qui veut dire que, comme dans le changement de perspective galiléen, les propriétés du mouvement ou du repos de plusieurs corps peuvent être interverties si l'on change de point de vue. D'autre part, toujours comme chez Galilée, le mouvement et le repos sont de même nature et ce sont nos sens qui donnent l'illusion d'une différence. Il ne faut ainsi, malgré les apparences, affirme Descartes, pas « plus d'action pour le mouvement que pour le repos » [2].

Cette identité entre mouvement et repos est à concevoir au sens fort. En effet, Descartes insiste sur le fait que seules les relations entre les corps (immédiatement en contact) importent. Il ne peut y avoir de mouvement que si au moins deux corps sont mis en présence. C'est pourquoi tout mouvement n'a de sens que s'il « est réciproque ; et nous ne saurions concevoir que le corps AB soit transporté du voisinage du corps CD, que nous ne sachions que le corps CD est transporté du voisinage du corps AB, et qu'il faut tout autant d'action pour l'un que pour l'autre » [3]. Une réciprocité qui est bien la marque d'une relation très « intime » entre les différentes positions des corps puisque celles-ci sont interchangeables.

Il semble donc bien que, jusqu'ici, la participation du philosophe Descartes et du savant Galilée à l'élaboration (bien qu'à des moments différents) du « principe de relativité » soit aussi importante et fondamentale. Qu'il s'agisse de la primauté donnée à la relation entre les

1. *Principes*, IIe partie, § 25, p. 624.
2. *Ibid.*, § 26, p. 625.
3. *Ibid.*, § 29, p. 626.

corps pour définir leur état, la négation des notions d'absolus, ou l'identité de nature entre le mouvement et le repos, les deux savants partis avec des objectifs similaires mais des outils conceptuels différents ont abouti à un résultat très proche. En revanche, les conceptions diffèrent à propos de la possibilité des corps d'acquérir plusieurs mouvements. On pourrait dire que Descartes et Galilée n'ont pas eu (fût-elle en pensée) la même *expérience* du navire. En effet, puisque la physique de Descartes est une physique du contact, il admet que « encore que chaque corps en particulier n'ait qu'un seul mouvement qui lui soit propre toutefois il peut participer à une infinité d'autres mouvements, en tant qu'il fait partie de quelques autres corps qui se meuvent diversement » [1].

Reprenant l'exemple du navire, Descartes concentre son attention sur *la montre du marinier qui se promène sur le pont* pour illustrer ses concepts de « mouvement propre » et de « participation à une infinité d'autres ». Considérant le mouvement des aiguilles de la montre, Descartes réaffirme que si elles n'ont « qu'un seul mouvement unique qui leur est propre, il est certain qu'elles participent aussi à celui du marinier qui se promène, parce qu'elles composent avec lui *un corps qui est transporté tout ensemble* » [2]. On comprend donc qu'il y a une hiérarchie des mouvements attribués à un corps : d'une part celui qui lui est propre, d'autre part tous les autres auxquels ce corps participe par entraînement. Mais, si dans le cas du mouvement propre on peut vraiment parler de mouvement (les aiguilles) et de repos (le cadre de la montre), dans tous les autres cas, les corps étant mus (transportés) ensemble, ils ne sont pas considérés comme des mouvements. Autrement dit, dans le *référentiel* que constitue la montre il est légitime de parler de mouvements propres et *réels* puisqu'ils se définissent l'un par rapport à l'autre (aiguilles-cadran, mouvement-repos). Mais si l'on considère des mouvements effectués ensemble, ils sont l'un par rapport à l'autre « insignifiants », c'est-à-dire pour reprendre l'expression de Galilée, « comme nuls ».

1. *Ibid.*, § 31, p. 628.
2. *Ibid.*

Reste pourtant une différence considérable entre l'expérience de Galilée et celle de Descartes. En effet, la relativité galiléenne dans le référentiel galiléen permet de libérer le mouvement uniforme de toutes causes extérieures au point qu'il « n'a plus besoin de moteur » [1]. Chez Descartes, au contraire, Dieu intervient toujours comme premier moteur, et donc aussi comme moteur du mouvement inertiel. Descartes reste donc prisonnier d'une description cinématique des phénomènes, alors que Galilée fonde une véritable dynamique. Comment expliquer cette différence ? Une des réponses a consisté à considérer la physique de Descartes comme un « roman écrit par un philosophe ». Autrement dit, à nier la substance scientifique de la quasi-totalité de son œuvre de physique ! C'est donc à la lumière des relations entre science et philosophie qu'il faut interroger les deux œuvres.

Remarquons tout d'abord que, pour tenter de fonder une nouvelle physique, Galilée comme Descartes se placent sous l'autorité et le prestige de Platon, c'est-à-dire du philosophe par excellence. Ce choix qu'ils effectuent contre Aristote et qui les rapproche par delà leurs divergences est un premier signe de l'importance que chacun accorde à cette discipline. Plus fondamentalement, il est incontestable que la science qui régnait à l'époque de Galilée et de Descartes était héritée du monde grec et reposait avant tout sur une « métaphysique », une « vision du monde », c'est-à-dire aussi une philosophie (au sens premier du mot). Il semble donc impossible de remplacer une partie du système (science) sans remplacer l'autre (philosophie). Dans cette optique, Alexandre Koyré pousse la logique jusqu'au bout : « Cette physique nouvelle, cela Galilée le voit mieux que quiconque, doit être *toto coelo* différente de l'ancienne ; aussi, pour construire celle-ci, faut-il tout d'abord démolir celle-là, c'est-à-dire, démolir les bases mêmes, les fondements *philosophiques* qui la supportent ; quant à la nouvelle physique, mathématique, archimédienne, Galilée comprend bien que pour l'établir il lui faut refondre et fonder de nouveau tous ses

1. Françoise Balibar, *Galilée, Newton lus par Einstein*, p. 32.

concepts ; et qu'il faut l'appuyer, aussi solidement que possible, à une philosophie. »[1]

Cet impératif était historiquement déterminant et il n'est pas douteux que Galilée ait voulu fonder ses principes physiques sur des (nouveaux ?) concepts philosophiques. Faut-il pour autant renoncer, comme le suggère Alexandre Koyré, à séparer dans son œuvre ce qui est scientifique de ce qui est philosophique ?[2] Ou, plus encore, considérer le *Dialogue* comme « une œuvre philosophique »[3] ? Il semble qu'il ne faille pas suivre cette logique jusque-là. D'autant que Descartes lui-même fait grief à Galilée de ne pas avoir assez fait de philosophie, d'avoir cherché simplement « les raisons de quelques effets particuliers » sans établir « les premières causes de la nature », ce qui revient à « bâtir sans fondements »[4].

À cette controverse répond en miroir une autre qui porte sur le rôle joué par (et laissé à) l'expérimentation dans les œuvres de Galilée et de Descartes. S'il semble indéniable que Galilée a donné une importance particulière dans ses textes et dans sa méthodologie à l'expérience, il est tout aussi certain que parfois il ne s'agissait que « d'expériences de pensée », selon la terminologie de Ernst Mach[5]. À l'inverse, Descartes, tout en cherchant à fonder une *physique a priori*, n'a jamais rejeté totalement l'expérience puisqu'il affirme : « Je croirai avoir beaucoup fait, si toutes ces choses qui en seront déduites sont entièrement conformes aux expériences. »[6] Il semble que la polémique autour de ces deux questions (fondements philosophiques et rôle de l'expérimentation) éclairent la manière dont il faut traiter les deux auteurs. Dans tous les cas, il faut, autant que possible et pour

1. Alexandre Koyré, *Études galiléennes*, p. 211.

2. *Ibid.*

3. *Ibid.*, p. 212.

4. Descartes cité par Élie Denissoff dans *Descartes, premier théoricien de la physique mathématique*, Paris, Béatrice-Nauwelaerts, 1970, p. 64-65.

5. Expression citée et commentée par Françoise Balibar, *Galilée, Newton lus par Einstein*, p. 46.

6. *Principia*, IIIe partie, § 44 et 45, cités par René Dugas, *La mécanique au XVIIe siècle*, p. 198.

chacun, prendre au sérieux *et* les aspects scientifiques *et* les aspects philosophiques. Ainsi, dans le cas du « principe de relativité », chacun à sa manière a contribué à l'avènement de cette nouvelle vision du monde et donc à la naissance de la science moderne en ce début du XVIIe siècle. Science et philosophie ont contribué plus qu'elles ne se sont combattues.

Galilée était-il plus « relativiste » que Descartes parce que plus « scientifique » ? Bien qu'il reconnaisse que Descartes a mis en évidence « l'incontestable réciprocité du mouvement de deux corps entre-eux » et « une relativité complète du mouvement, les corps voisins servant de repère pouvant être arbitrairement choisis » [1], René Dugas nie finalement que cette relativité existe réellement. En effet, il reste pour lui, dans le système de Descartes, un repère *absolu*, « la matière immobile au premier instant » [2]. Malgré cette critique, il semble qu'on ne peut pas limiter la portée de l'œuvre de Descartes, et notamment concernant le « principe de relativité », du seul fait qu'il ait placé *Dieu* comme premier moteur, c'est-à-dire un *a priori* métaphysique. Il paraît, au contraire, qu'il faut limiter cette *cause première* philosophique (n'était-elle pas imposée par l'Église ?) et insister sur les conséquences scientifiques et les effets secondaires dans le monde de cette cause première. La vision d'un Univers relativiste par le philosophe et savant Descartes semble alors indiscutable.

La relation entre science et philosophie ne peut donc être simplifiée dans une opposition stérile voire négative. Au contraire, avec l'avènement de la science, la philosophie (et plus particulièrement la métaphysique) est bousculée, mais la racine commune reste : la raison. Il est plus profond de faire l'hypothèse que c'est la raison elle-même qui est bousculée l'obligeant à chercher de nouvelles formes de rationalité. Ainsi, la science de l'Univers au XXe siècle sera, selon l'expression de l'épistémologue Jacques Merleau-Ponty une « nouvelle aventure de la raison » [3] qui va bouleverser à la fois la connaissance et la philosophie.

1. René Dugas, *La mécanique au XVIIe siècle*, p. 199.
2. *Ibid.*
3. Jacques Merleau-Ponty, *Cosmologie du XXe siècle*, Paris, Gallimard « Bibliothèque des idées », 1965, p. 8.

Dans cette recherche de la « vérité » sur l'Univers une nouvelle étape fondamentale va être franchie quand l'idée de relativité sera, au début du XXe siècle, « généralisée ». Au point de devoir abandonner l'idée même, pourtant au cœur de question de la vérité en science, de centre de l'Univers.

6. Comment l'Univers a perdu tout point fixe

« Les choses reviennent au même si la Terre seule se meut alors que tout le reste de l'Univers est immobile ou si, alors que la Terre seule est immobile tout l'Univers se meut d'un même mouvement. » [1] Cette affirmation étonnante est proférée par Galilée alors même qu'il essaye de prouver que la Terre tourne autour du Soleil ! Il initie ainsi une question de l'histoire des sciences que, plus de 300 ans plus tard, Einstein pose en ces termes : « Pour être capables de déterminer les positions des corps, nous devons avoir ce qu'on appelle un *système de référence.* » [2] La question est si importante qu'elle a bouleversé, en fonction de la réponse qu'on y a donné, la vision du monde. On peut la résumer ainsi : existe-t-il un système de référence *privilégié* ? Autrement dit, dans quel cadre ou dans quel système de coordonnés « vrai » faut-il inscrire l'Univers et y placer tous les objets qui s'y trouvent ?

Cette question a pris sa véritable dimension en 1543, l'année de la publication par Nicolas Copernic de son ouvrage majeur, le *De revolutionibus orbium cælestium.* En effet, pour la première fois, le « centre du monde » se « déplaçait » de la Terre au Soleil. Autrement dit, le *système de coordonnées* n'était plus centré sur notre planète mais sur l'étoile autour de laquelle elle tournait. Malgré les difficultés et les oppositions (surtout religieuses) à cette nouvelle description du monde,

1. Galilée, *Dialogue sur les deux systèmes du monde,* in *Œuvres complètes*, Paris, Seuil « Sources du savoir », 1992.

2. Albert Einstein, Léopold Infeld, *L'évolution des idées en physique*, Paris, Flammarion « Champs », rééd., 2009.

l'héliocentrisme allait bientôt s'imposer dans l'esprit des savants, plus particulièrement des astronomes. Pourtant, il restait encore à expliquer pourquoi le mouvement de la Terre autour du Soleil, s'il était bien réel, n'était pas ressenti par les sens. En d'autres termes, pourquoi la nouvelle théorie cosmologique s'opposait à l'expérience la plus commune et la plus immédiate ?

C'est à cette tâche que va s'employer Galilée un siècle après les travaux de Copernic. Il va ainsi *établir* le premier système de référence : la cabine d'un bateau voguant sur une mer calme. Cet exemple qu'on appellera « référentiel d'inertie » ou encore « référentiel galiléen » démontre que, pour ce qui est à *l'intérieur* du système, le mouvement *d'ensemble* du système (pourvu qu'il soit uniforme et en ligne droite) est « comme nul », c'est-à-dire en fin de compte que l'intérieur est comme coupé des influences extérieures. Galilée va ainsi élargir son référentiel à la « Terre dans son ensemble » pour réconcilier mouvement orbital *réel* avec l'absence de *sensation* de se déplacer autour du Soleil.

Ainsi, avant même de sauver le système héliocentrique de Copernic auquel il croit fermement, Galilée préfère sauver la possibilité de mener à bien des expériences, de pouvoir les universaliser, c'est-à-dire de rendre possible ce qui va devenir la « science moderne ». Il est donc dans son esprit beaucoup plus important de chercher à comprendre la « véritable nature » du mouvement que de conforter une nouvelle « cosmologie vraie ». On comprend dès lors que ce qui compte c'est de construire un système où toutes les coordonnées sont bien définies sans se soucier de la « véracité absolue » de celui-ci. Pour Galilée le bon système à adopter est celui du *référentiel d'inertie*. La force de la contribution de Galilée est d'avoir fait de la Terre dans sa globalité, ou par extension de n'importe quelle autre partie bien délimitée de l'Univers, une « cabine » où la science est possible et les phénomènes compréhensibles.

Mais que se passe-t-il si l'on considère l'Univers dans son ensemble ? Il fallait maintenant nécessairement passer, dans ce cadre scientifique, à la question de la « véracité absolue » de l'explication physique locale galiléenne. Cette question, à la suite de Galilée, n'a été réellement posée et *résolue* que par Newton en postulant un « espace et un temps *absolus* ». En effet, un système cesse d'être inertiel lorsque quelque chose d'extérieur vient déranger le mouvement uniforme et rectiligne de l'ensemble (la cabine et tout ce qui s'y trouve). Pour que l'Univers entier soit un référentiel d'inertie, il faut que le cadre auquel tous les objets se rapportent ne puisse être perturbé par quelque chose d'extérieur. C'est ce rôle que Newton fera jouer à l'espace et au temps absolus. Ainsi le bon système de coordonnées (une expression qui correspond bien à la vision mathématique de Newton) devient l'Univers entier : c'est une sorte de référentiel galiléen *parfait*.

À l'intérieur de ce cadre, Newton y installe ses trois lois fondamentales, principe d'inertie, principe d'égalité de l'action et de la réaction, loi de la force et la loi de l'attraction gravitationnelle. Il devient dès lors possible, en théorie, d'unifier l'ensemble de la mécanique céleste, c'est-à-dire de calculer tous les mouvements des corps célestes (passés ou à venir) à partir de la seule connaissance des positions actuelles. Cet objectif *fou* atteindra l'efficacité que l'on connaît à l'échelle du système solaire (le plus brillant exploit étant la prédiction du retour, par l'astronome Edmund Halley, de la comète qui portera son nom), mais certaines difficultés subsisteront néanmoins. La plus connue d'entre elles concerne l'avance du périhélie de Mercure. C'est notamment par cette brèche que va s'introduire la théorie de la relativité qui bousculera finalement tout l'édifice newtonien.

En effet, dans son article de 1905, Einstein, en instaurant la vitesse finie de la lumière comme une limite absolue, détruit la simultanéité et par là-même le concept de « temps absolu ». Mais le plus dur reste à faire. Dans un deuxième moment, Einstein s'attaque à la notion « d'espace absolu » qu'il considère comme une « fiction utile » mais une fiction qui n'a aucune réalité concrète, « vraie ». « Toute la mécanique classique reste, pour cette raison, suspendue en l'air, puisque nous ne savons pas à quel système elle se rapporte », affirme-t-il. Avec l'élaboration de la relativité générale en 1915, le cadre absolu newtonien qui donnait un système de coordonnées global disparaît sans retour.

D'une certaine manière Einstein revient à l'affirmation galiléenne du mouvement relatif pour en extraire toutes les conséquences théoriques et expérimentales. Comme lui il reprend l'exemple des systèmes cosmologiques. Einstein affirme ainsi : « La grande découverte de Copernic réside dans le fait qu'il a transporté le système de coordonnées de la Terre au Soleil. Mais étant donné que le mouvement est *relatif* et qu'on peut se servir de n'importe quel système de référence, il n'y a pas de raison de donner la préférence à un système de coordonnées plutôt qu'à un autre. Autrement dit, rien dans l'observation ne peut lever le doute sur la bonne interprétation, ce qui revient aussi à dire qu'on ne peut trouver aucune preuve de l'existence de l'espace absolu. » Le doute sera levé et l'espace absolu sera abandonné.

Mais après cette déconstruction, Einstein se pose de nouveau la question : « Existe-t-il un système d'inertie ? » Dans un premier temps, il va montrer par l'exemple de l'ascenseur qui tombe qu'un système en chute libre peut en être un : « En ignorant la gravitation, nous revenons automatiquement au système de coordonnées d'inertie de la relativité restreinte », c'est-à-dire au référentiel galiléen. Qu'en est-il quand il faut prendre en compte l'Univers dans son ensemble et donc ne pas ignorer la force de gravitation ? Pour Newton, le mouvement d'un corps est influencé par l'attraction gravitationnelle des corps lointains de l'Univers. Pour Einstein, cette action gravitationnelle n'existe pas, par contre les masses distantes de l'Univers *fixent le référentiel.* Le saut conceptuel est considérable.

En effet, le *cadre absolu* newtonien de coordonnées cède la place à une sorte de *cadre mou* qui dépend du « point de vue » auquel on se place. Autrement dit, il n'y a pas de lieu privilégié dans l'Univers (le cadre est donné par les objets les plus lointains qu'on peut observer de n'importe quel endroit de l'Univers), les effets à chaque point particulier sont les mêmes et les lois de la physique s'appliquent de la même façon. Conclusion : tous les objets lointains de l'Univers fixent une sorte de *référentiel moyen.* La gravitation n'est plus une *force* mais une *déformation* de l'espace temps : « Les équations de la gravitation de la théorie de la relativité générale essaient de mettre en lumière les propriétés géométriques de notre monde. »

C'est dans ce monde devenu relativiste que le problème du référentiel se pose de nouveau. Les scientifiques n'ont pas, en effet, abandonné le projet de construire un système de coordonnées autre que le référentiel galiléen *local* qui soit le plus *global* possible. La mission du satellite Hipparcos, lancé en 1989, a permis pendant plusieurs années de cartographier plus de 100 000 étoiles qui servent dès lors de « système référentiel le plus grand possible ». En quoi ce positionnement précis de plus de 100 000 étoiles est-il un élément primordial pour l'établissement d'un système de coordonnées, d'un nouveau référentiel de l'Univers ? La question nous renvoie à la théorie de la relativité générale. En effet, puisqu'il n'y a plus *d'espace absolu* cela implique aussi qu'il n'y a pas de *repos absolu*, d'absence totale de mouvement (le plus proche du repos étant le mouvement inertiel). Autrement dit, dans l'Univers tout se déplace et un véritable système de coordonnées global doit tenir compte en même temps de tous ces déplacements relatifs.

Le référentiel galiléen est une manière d'oublier, de ne pas prendre en compte, tous les mouvements extérieurs à celui du référentiel. Pendant longtemps, le référentiel galiléen a été limité à l'ensemble du système solaire. En effet, dans le seul cadre de notre cortège planétaire, le centre du système (le barycentre) était considéré comme fixe, et les mouvements ainsi que les rapports de distance entre tous les éléments qui le composent sont parfaitement bien connus. La mécanique céleste de Newton (avec quelques corrections minimes de la relativité) y reste valide. Mais si l'on veut relier le système solaire avec les autres étoiles de notre galaxie, il a fallu tenir compte de son mouvement propre (rotation autour du centre de la Voie Lactée). Le référentiel galiléen a donc du s'élargir encore, autant que possible.

Pour ce faire, il a fallu connaître avec précision la position des étoiles environnantes : c'était la mission du satellite Hipparcos. Mais la précision s'est limitée aux seules étoiles proches positionnées (dans un rayon d'environ 6 000 années-lumière pour un diamètre total de la galaxie de plus de 100 000 années-lumière). Comment dès lors relier ce *nouveau vaisseau galiléen* stellaire au reste des objets de l'Univers ? Les astronomes ont alors abouti à ce qu'ils appellent un système *quasi inertiel.* La restriction qu'implique le mot *quasi* rappelle que, dans le contexte de la relativité générale, une telle définition ne peut être que *locale* dans un espace sans masse et que le repère ne peut représenter l'idéal *global* que de façon « approchée ». D'où la nécessité de parler aussi de système *quasi inertiel.* Une fois l'ensemble des mesures et des intégrations effectuées, le système est devenu aussi *global* et aussi *inertiel* que possible et la science physique a pu continuer sa progression.

L'histoire de la recherche d'un cadre stable de l'Univers a donc abouti à la révélation d'un « secret » paradoxal de la nature : il n'y a pas de cadre dans la nature mais on peut faire *comme si* et la science peut continuer à engranger des connaissances. Ainsi Einstein peut-il affirmer : « La grandeur de la découverte de Copernic peut être appréciée seulement du point de vue physique. » Le problème du référentiel ne se pose pas en terme de validité ou de véracité *absolues* mais *d'efficacité* physique et scientifique. Le référentiel galiléen ouvrait la possibilité de faire de la science (les phénomènes y sont reproductibles) et donc de parler en « vérité » de la réalité. L'espace absolu de Newton donnait à l'Univers un caractère globalement galiléen et contribuait ainsi à assurer le « pouvoir de la science » (et notre capacité à comprendre l'Univers selon le mot d'Einstein) sur l'ensemble du cosmos.

La révolution einsteinienne ruinait ainsi tout espoir d'englober la totalité de l'Univers mais sauvegardait la science, la compréhension, la notion de « vérité » en proclamant que s'il n'y avait pas de référentiel privilégié les lois physiques restaient valables dans toutes les régions de l'Univers. L'universalité des lois compense la stabilité du cadre pour permettre tout autant la science. L'astronomie physique continue dès lors sa marche en avant et le « secret de la nature » (il n'y a pas de point fixe ou de centre de l'Univers) n'a pas paralysé les scientifiques mais au contraire stimulé leurs recherches. L'obstacle, ici aussi, est devenu tremplin. Un des développements principaux de cette « nouvelle science » a justement été la cosmologie. Avec la relativité générale, il va être de nouveau possible de construire un système global du Monde, et cette fois avec des prétentions scientifiques ! La question de savoir si cette nouvelle description est *vraie* ou une *hypothèse* parmi d'autres connaîtra donc de nouveaux développements, plus profonds encore !

En devenant une science, la cosmologie au XXe siècle ne va pas manquer d'être de nouveau confrontée aux autres « vérités », notamment religieuses. Or, un des plus grands contributeurs de ces développements a été l'abbé belge Georges Lemaître, à la fois homme de science et d'Église ! Son parcours, ses analyses, ses conclusions sont donc d'une importance capitale pour comprendre comment il a été possible de mener à bien une « nouvelle réflexion » sur la *vérité* de l'Univers sans abandonner la *vérité* de la religion. Une histoire dont nous sommes encore les héritiers.

II

L'ABBÉ LEMAÎTRE : LA LUMIÈRE DU BIG BANG

« L'évolution du monde peut être comparée à un feu d'artifice qui vient de se terminer ; quelques mèches rouges, cendres et fumées. Debout sur une escarbille mieux refroidie, nous voyons s'éteindre doucement les soleils et cherchons à reconstituer l'éclat disparu de la formation des mondes. »

Georges Lemaître.
L'expansion de l'espace.

Peut-on regarder le ciel avec des yeux de croyant sans y projeter ses convictions religieuses ? Peut-on chercher la *vérité* scientifique quand on a déjà trouvé la *vérité* religieuse ? Pour éclairer ses interrogations, il y a dans l'histoire de la cosmologie un exemple paradigmatique, celui de l'abbé belge Georges Lemaître (1894-1966). Contemporain d'Einstein, connaisseur averti des équations de la relativité, premier à évaluer le taux d'expansion de l'Univers, inventeur de l'idée d'origine de l'Univers, il a aussi été toute sa vie un fidèle serviteur de l'Église catholique, à la foi sincère et affichée. Science et religion ont été pour lui deux passions, deux attitudes intellectuelles aussi qu'il a réussi à faire cohabiter dans un seul homme, dans une seule vie.

Les suspicions et les critiques n'ont pas manqué : « Lorsque je lui parlais de l'atome primitif, il m'arrêtait : "non, pas cela, cela suggère trop la création". » [1] C'est ainsi que l'abbé Lemaître raconte la réac-

1. Lemaître, *Rencontres avec A. Einstein*, texte publié dans la *Revue des questions scientifiques* du 20 janvier 1958, p. 130.

tion d'Einstein en 1933 lorsqu'il lui parle de sa théorie de l'atome primitif comme origine de l'Univers. Comment interpréter les raisons d'un tel refus ? Einstein supposait-il qu'une conviction religieuse puisse influencer une découverte scientifique ? Pourtant, il connaissait les qualités et la probité du mathématicien Georges Lemaître dont il avait par ailleurs dit qu'il était « celui qui avait le mieux compris la relativité générale »[1] ! Il ne fait pas de doute qu'Einstein suggérait par cette première remarque qu'une activité avait pu, consciemment ou pas, déteindre sur l'autre.

Cette question n'était pas nouvelle, elle avait même parcouru les relations entre science et religion depuis l'avènement de la science moderne avec Copernic, Giordano Bruno ou Galilée. Mais elle se posait, en ce début du XXe siècle, avec plus de force que jamais : la cosmologie contemporaine n'osait-elle pas parler de notions hautement métaphysiques et religieuses comme le Tout, le Temps, l'Origine, ou même le Sens ? Comment de telles questions peuvent être pensées par un même homme, sur des registres aussi différents que la science et la foi, sans entrer en conflit ou, ce qui est encore pire, sans se contaminer l'une l'autre ? Ainsi, de sa naissance en 1894 à Charleroi à sa mort en 1966 à Louvain, Lemaître aura en quelque sorte vécu et participé à ce nouvel épisode de la « guerre des Mondes ».

Cette histoire mouvementée commence véritablement en 1931. C'est à cette date, en effet, que Lemaître a eu pour la première fois l'idée de « l'atome primitif », à la lecture d'un article du grand astronome anglais Arthur Eddington portant sur l'origine et la fin du monde. Ainsi, il se place déjà un peu en marge de la plupart des grands cosmologistes de son temps qui répugnent, pour toutes sortes de raisons, à l'idée d'un commencement du monde. Lemaître lui va, si l'on peut dire, s'engouffrer dans cette idée. Ainsi, il affirme, dès 1931, dans un article de la revue scientifique *Nature*, que « le commen-

1. Lettre d'Einstein à Lemaître du 26 septembre 1947, *in* Georges Lemaître, Alexandre Friedmann, *Essais de cosmologie*, textes établis et introduction par Jean-Pierre Luminet, Paris, Seuil « Sources du Savoir », 1997, p. 307.

cement du monde a été très différent de l'ordre actuel du monde »[1]. Une idée de rupture, de discontinuité qui est encore aujourd'hui à la base de toute réflexion, mathématique ou physique, sur la « singularité initiale ».

Dès ce texte de 1931, Lemaître se pose donc la question de la « vérité naturelle », de la « réalité » du commencement de l'Univers. Un commencement absolu puisque, précise-t-il, « l'espace a commencé avec l'atome primitif et que le commencement de l'espace a marqué le commencement du temps »[2]. Cette conception de l'origine est aussi, il faut le souligner, en plein accord avec l'idée qu'il se fait de l'expansion de l'Univers : « Cette expansion ne doit pas être conçue comme une expansion dans quelque chose, il n'y a rien d'autre que l'espace, c'est une expansion interne, une séparation progressive uniforme de tous les objets qui s'y trouvent, c'est une variation de la grandeur de l'espace. »[3] Lemaître a donc parfaitement accordé les observations de l'époque qui suggèrent une évolution de l'Univers et l'idée du point d'origine global.

Mais cette explication scientifique ne se suffit pas à elle seule car Lemaître concède qu'un tel commencement « réel » et « absolu » ne pourrait être introduit que par une espèce d'action « surnaturelle » qui interromprait arbitrairement la course naturelle des événements, autrement dit Dieu. Conclusion épistémologique de Lemaître : le point d'origine existe, il ne faut pas le nier, mais il est naturellement, c'est-à-dire scientifiquement, *définitivement* inaccessible. Ce point est le privilège de *l'explication* divine. Sa conclusion philosophique n'est pas moins tranchée : « C'est le fond philosophique de l'hypothèse de l'atome primitif. Personnellement j'estime qu'une telle théorie reste entièrement en dehors de toute question métaphysique ou religieuse. Elle laisse le matérialiste libre de nier tout être transcendant. [...]

1. Article « L'origine du monde du point de vue de la théorie quantique », paru dans la revue *Nature*, 9 mai 1931, in *Essais de cosmologie*, p. 298.

2. « L'expansion de l'espace » (1931), in *Essais de cosmologie*, p. 237.

3. « L'expansion de l'univers » (1966), paru dans la *Revue des questions scientifiques*, avril 1967, p. 156.

Pour le croyant, elle exclut toute tentative de familiarité avec Dieu. »[1] Sa thèse est claire et sera maintenue jusqu'à la fin de ses jours : il y a deux vérités indépendantes et incommensurables, une scientifique et une religieuse.

Lemaître renvoie donc dos à dos la vision matérialiste et la vision spiritualiste. Faut-il dès lors désespérer ou s'effrayer dans la contemplation et l'incompréhension du cosmos ? Au contraire, et c'est toute la force de la pensée de Lemaître car il affirme « l'inaccessibilité » du point d'origine pour mieux affirmer « l'accessibilité » de tout le reste de l'évolution de l'Univers. Il affirme donc que la science n'a pas à capituler devant l'Univers *sauf* concernant le point d'origine, mais que la religion, la croyance et la foi ne peuvent s'appuyer sur l'Univers, *ni* sur le point d'origine, pour s'établir ou se justifier. La cosmologie sera *cohérente*, c'est-à-dire scientifique, malgré le point d'origine et la religion sera *intacte* malgré la cosmologie.

Le raisonnement qui assure l'autonomie de la vérité naturelle, scientifique, assure donc aussi celui de la vérité surnaturelle, religieuse. Lemaître veut que si la religion ne puisse faire aucun mal à la science, la réciproque soit aussi vraie. Cette vision est bien sûr pour Lemaître un idéal. Il sait qu'elle est difficile à mettre en pratique et il connaît les conflits passés, et présents entre interprétations bibliques et nouvelles données scientifiques. L'exemple le plus frappant, et dans lequel fut fortement impliqué Lemaître, est celui de la théorie du big bang. En effet, il semble bien que Lemaître ait joué un rôle majeur dans la position de l'Église vis-à-vis de la cosmologie moderne et particulièrement de la théorie du big bang. Il serait ainsi intervenu auprès du pape Pie XII pour freiner son enthousiasme et son « concordisme » entre le big bang scientifique et le Fiat Lux biblique. Mais la position médiane de Lemaître, sa théorie des « deux vérités » est-elle encore pertinente et utile de nos jours ?

Concernant l'activité scientifique, il est incontestable que Lemaître l'a aimée et pratiquée avec passion, et qu'il a goûté en véritable

1. *L'hypothèse de l'atome primitif et le problème des amas de galaxies* (1958), Bruxelles, Culture et civilisation, 1972, p. 9-10.

connaisseur les plaisirs de la contemplation théorique de la « vérité scientifique ». Le début du XXe siècle, en ce qui concerne la cosmologie, se prêtait particulièrement à cet enthousiasme scientifique, et Lemaître y a contribué de façon fondamentale. Concernant l'activité religieuse, Lemaître a bien montré que le concordisme est une arme à double tranchant qu'il faut par tous les moyens éviter. Originalité supplémentaire, la pensée de Lemaître permet aussi de libérer une « troisième voie », celle de la réflexion philosophique. En effet, si l'Univers est cohérent et Dieu hors de la vérité naturelle, la philosophie peut, elle, déployer sa réflexion rationnelle sur le contenu scientifique accumulé pendant les siècles. Soit, les affirmations scientifiques sont partielles et provisoires (les progrès et les remises en causes futures ne manqueront pas) mais la philosophie peut *déjà* donner un « sens à l'Univers » (comme l'a montré le philosophe et historien des sciences Jacques Merleau-Ponty [1]). La métaphysique, branche fondamentale de la philosophie, entre la science et la religion, est bien une troisième voie.

Georges Lemaître a donc contribué scientifiquement et vécu religieusement au moment où la vérité sur la nature globale de l'Univers entamait une nouvelle et passionnante aventure. Parcourir sa vie c'est revivre la tension contemporaine de la question de la vérité, de « l'intérieur ».

1. Du Ciel à l'Univers

Tu ne parleras pas du Tout ! Ce commandement du « catéchisme scientifique » du XIXe siècle a été transgressé au début du XXe siècle de manière, semble-t-il, irréversible. On peut même aller jusqu'à dire que cette *interdiction* d'hier est devenue une *obligation* d'aujourd'hui : du Tout, tu parleras ! On comprend dès lors que cette *révolution*, appa-

1. Voir mon ouvrage *Le sens de l'univers. Essai sur Jacques Merleau-Ponty*, Paris, PUF « Science, histoire et société », 2010.

raisse pour le plus grand épistémologue français de la cosmologie moderne Jacques Merleau-Ponty comme ayant une portée « non moindre que celle qui, au début du XVIIe siècle, avait transformé l'Univers ptoléméen en Univers galiléen » [1]. Ce bouleversement qui prend sa source dans la théorie de la relativité élaborée par Albert Einstein en 1905 puis 1915, a permis l'éclosion de trois idées fondamentales qui vont véritablement donner corps à cette nouvelle vision du monde : l'expansion de l'Univers, l'union de la physique et de l'astronomie, et l'identification de la cosmologie et de la cosmogonie. À chacune de ces avancées conceptuelles correspondent des avancées observationnelles. En fait, le XXe siècle se caractérise par un *va et vient* fructueux entre la théorie et l'expérience qui en astronomie se réduit à l'observation.

Les bases de ce qu'on peut appeler la cosmologie moderne ou contemporaine (opposée aux cosmologies ancienne et classique) ont été posées entre 1910 et 1931. Parmi les hommes de science qui ont participé à son élaboration, l'un d'entre eux, l'abbé et mathématicien belge Georges Lemaître a joué un rôle tout à fait particulier. D'une part, parce qu'il a été le seul à participer aux trois avancées conceptuelles dont nous avons parlé plus haut. D'autre part, parce qu'il a été à chaque fois à l'initiative de ces avancées, même si ses contributions ont souvent été simultanées (bien qu'indépendantes) avec celles d'autres hommes de science. Enfin, parce qu'il a véritablement pris conscience de l'ampleur du bouleversement et de sa globalité.

Malgré cette participation majeure à cette période charnière de l'histoire moderne de la cosmologie, sa contribution a été sous-estimée voire ignorée. Les raisons d'un tel oubli sont multiples : elles renvoient autant aux travaux purement scientifiques qu'à sa personnalité profonde. Parmi ces raisons nous citerons ici les deux qui nous semblent les plus importantes : sa qualité de mathématicien et son engagement religieux. À cause de cette double appartenance, Lemaître va cristalliser les résistances *naturelles* qui vont accompagner l'avènement d'une nouvelle vision du monde, en l'occurrence la théorie du big bang.

1. Jacques Merleau-Ponty, *Cosmologie du XXe siècle*, p. 13.

La première proposition *révolutionnaire* de cette nouvelle cosmologie, et sans aucun doute la plus importante, concerne l'idée d'« évolution de l'Univers », c'est-à-dire plus précisément d'« expansion de l'Espace ». Jacques Merleau-Ponty, souligne que de nombreux savants de l'époque, Albert Einstein lui-même, Fred Zwicky ou encore Edwin Hubble, ont combattu cette représentation, sur la foi d'observations mal interprétées ou de préjugés philosophiques. Pourquoi une telle résistance ? Il semble bien qu'avec l'idée d'expansion les objets célestes aient perdu le caractère d'êtres parfaits, immuables et incorruptibles qu'ils avaient depuis l'Antiquité. C'est cette dernière illusion – ou préjugé – qui tombe dans les années vingt du siècle dernier.

Une autre des raisons de la difficulté à accepter l'idée d'expansion renvoie à la grande réticence des savants de l'époque envers la théorie de la relativité elle-même, et des bouleversements conceptuels qu'elle provoque. Or, c'est précisément en s'appuyant uniquement sur la théorie de la relativité que Lemaître va se convaincre du bien-fondé de cette représentation *évolutive* de l'Univers. Il faut d'ailleurs noter que Lemaître n'a pas seulement trouvé l'expansion de l'Univers (corrélativement mais indépendamment du Russe Alexandre Friedmann [1]), il a été le premier à affirmer qu'elle était la *bonne solution* ! Cette affirmation reposait sur l'interprétation de l'observation des décalages vers le rouge des nébuleuses extragalactiques.

On retrouve ici un des traits les plus importants de la conception de la science de Lemaître : la nécessité absolue de tenir ensemble et de faire dialoguer les faits d'observation et les développements théoriques. « La science progresse par la collaboration de l'observation et de l'hypothèse, par le contact et souvent le conflit du fait et de l'idée, de la pratique et de la théorie, du détail minutieusement analysé et de l'imagination qui cherche à organiser la série des détails et à en deviner la suite », affirme-t-il dans le début du texte intitulé « Hypothèses cosmogoniques » [2]. Un principe qui n'est pas resté lettre morte

1. Voir Jean-Pierre Luminet, *L'invention du Big Bang*, Paris, Seuil « Points Sciences », 2004.

2. « Hypothèses cosmogoniques » (1945), in *L'hypothèse de l'atome primitif, essai de cosmogonie*, Bruxelles, Culture et civilisation, 1972, p. 119.

puisque, comme le souligne l'épistémologue Michel Paty : « On peut retenir comme une circonstance décisive le fait que Lemaître se soit rendu compte des implications de son modèle du point de vue observationnel : la loi de Hubble et la constante H peuvent s'en déduire. » [1].

Le second fondement de la cosmologie moderne concerne l'interpénétration des sciences de l'infiniment petit et de l'infiniment grand. Dans un article de 1931, Lemaître développe pour la première fois ce qu'il va appeler « l'hypothèse de l'atome primitif » : « Si le développement de la théorie des quanta se fait dans ce sens, nous pourrons sans doute concevoir le début du monde sous la forme d'un atome unique dont le poids atomique est la masse de l'univers entier. » [2] Les quanta (microcosme) et l'Univers (macrocosme) partagent ainsi la même histoire, la physique et l'astronomie deviennent deux branches complémentaires d'une même science.

Cette hypothèse du « début du monde » de Lemaître se présente comme une suite logique de la théorie de l'expansion de l'Univers. En effet, comme il le rappelle souvent, « on peut se faire une idée du mouvement d'expansion actuel en imaginant qu'à une certaine époque toutes les nébuleuses étaient rassemblées en contact l'une avec l'autre et qu'elles se sont séparées avec une vitesse constante » [3]. Cette déduction logique a pour conséquence de relier le « royaume des nébuleuses » à l'Univers de « l'infiniment petit », alors en pleine exploration. Mais aussi d'affirmer, pour la première fois sur des critères scientifiques, l'idée d'origine de l'Univers !

Ici encore, le bouleversement par rapport à la vision classique est total et révolutionnaire même s'il s'inscrit dans une certaine continuité. En effet, l'unité substantielle du monde était bien établie depuis l'avènement de la science moderne : les mêmes principes (ou atomes) sont à la base de tout ce qui existe, sur Terre comme aux cieux. Mais la nouveauté introduite par l'hypothèse de Lemaître est de lier la *structure* de l'Univers à grande échelle, à la *nature* intime des atomes :

1. Michel Paty, *Les particules et l'Univers*, Paris, PUF, 1990, p. 53-54.
2. *Nature*, 9 mai 1931, in *Essais de cosmologie*, p. 299.
3. « L'univers en expansion » (1934), in *L'hypothèse de l'atome primitif, essai de cosmogonie*, p. 101.

il s'ensuit un lien de causalité qui soude l'infiniment petit à l'infiniment grand (et pas seulement un lien de ressemblance).

Quel rôle exact a joué dans cette interpénétration de domaines jusqu'alors distincts, l'hypothèse de l'atome primitif ? Pour Michel Paty, c'est l'élément initiateur : « De manière plus précise, c'est avec le modèle cosmologique de la *boule de feu* primordiale (modèle de Lemaître repris par Gamow) que s'effectue véritablement le premier pas vers la rencontre de la cosmologie et de la physique des particules élémentaires. » [1] L'intuition de Lemaître est donc, comme pour l'expansion de l'Univers, originale et pleine de promesses, même s'il faut *relativiser* sa contribution proprement scientifique.

Le dernier événement significatif de la cosmologie contemporaine est l'identification de la *cosmologie* et de la *cosmogonie*. Avec l'avènement de l'Univers en expansion, l'idée de commencement ou de genèse du « monde » devient le pivot de toute réflexion sur la nature des phénomènes célestes. Puisque plus rien n'est intemporel dans la nature, il n'y a plus de raison que l'Univers dans son ensemble le soit. Au contraire, le commencement de l'Univers représente, en dernière analyse, le commencement de toutes choses et donc aussi ce qu'il faut chercher à comprendre pour comprendre toutes les autres choses. Le socle relativiste de la nouvelle cosmologie conduit logiquement au « problème de genèse » [2]. Un problème qui aujourd'hui encore est incontournable même s'il continue à susciter des débats virulents.

Mais ce qui, en ce début de XXᵉ siècle, va constituer une nouveauté, c'est le *radicalisme* avec lequel se pose le problème cosmogonique. La question du commencement de l'Univers est *absolue*, « ce n'est plus seulement du devenir des choses dans l'espace et le temps qu'il s'agit, mais du *devenir* de l'espace et de l'*être* même du temps » [3]. Or, il semble que personne avant Lemaître n'ait pensé et défendu avec une telle force cette conception de la genèse du monde : « Nous pouvons concevoir que l'espace a commencé avec l'atome primitif et

1. Michel Paty, *Les particules et l'Univers*, p. 69.
2. Jacques Merleau-Ponty, *Cosmologie du XXᵉ siècle*, p. 299.
3. *Ibid.*, p. 300.

que le commencement de l'espace a marqué le commencement du temps. »[1] On peut donc dire avec Jacques Merleau-Ponty que Lemaître est « l'inventeur de l'origine singulière de l'Univers »[2].

Cette identification entre cosmologie et cosmogonie ne s'est pourtant pas imposée facilement dans les esprits des savants du début du siècle. Les termes de *genèse* et d'*origine*, ou encore plus de *création*, ont soulevé des protestations ; plus souvent sur le terrain philosophique que scientifique. L'engagement religieux de Lemaître ne pouvait de ce point de vue qu'augmenter encore la suspicion. Pourtant, sa conception de la singularité initiale n'a jamais reposé sur un flou « scientifico-mystique » ou cédé devant les impératifs des équations de la relativité. Il semble au contraire que Lemaître a toujours tenu le cap de sa conception scientifique, « naturelle »[3] de l'origine du monde.

Faut-il pour autant en oublier la qualité d'homme d'Église de Lemaître ? En réalité, sa volonté affichée de séparer radicalement science et religion n'est pas, chez Lemaître, une simple soumission à un état de fait : cette coupure est la marque de sa conception intime des rapports que doivent entretenir la science et la religion. Autrement dit, si la cosmologie a mené Lemaître tout naturellement vers la cosmogonie, cela ne veut en aucun cas dire qu'elle l'a mené vers Dieu et encore moins vers la religion. Car la *cosmogonie* reste pour lui tout entière du côté de la science. Néanmoins, le rapprochement entre la cosmologie relativiste et la cosmogonie a sans aucun doute ravivé la *guerre* entre science et religion. Il est donc particulièrement instructif de revenir en détail sur le parcours incomparable de cet abbé mathématicien.

Georges Lemaître est né en 1894 à Charleroi, en Belgique. Parallèlement à sa carrière d'homme d'Église, qu'il n'abandonnera jamais, il va très rapidement s'intéresser aux mathématiques et à la physique. Ainsi il va passer, après la fin de la Première Guerre mondiale, de sa vocation pour le Ciel à la recherche sur l'Univers. En 1920, il obtient le grade de Docteur en mathématique et physique. Dès cette époque,

1. « L'expansion de l'espace » (1931), in *Essais de cosmologie*, p. 237.
2. Jacques Merleau-Ponty, *Cosmologie du XX*^e^ siècle, p. 371.
3. *L'hypothèse de l'atome primitif et le problème des amas de galaxies* (1958), p. 8.

il va s'intéresser de très près à la toute nouvelle théorie de la relativité. Ainsi, si l'influence d'Einstein a été prépondérante dans ces premières années de travail théorique, il n'hésitera pas à s'en démarquer dès que les raisons scientifiques lui sembleront le commander. Quoi qu'il en soit, tous ses travaux auront pour point de départ les publications d'Einstein, notamment sa première solution cosmologique.

Car le premier texte de la cosmologie moderne, c'est-à-dire relativiste, est celui qu'Einstein lui-même a rédigé en février 1917, connu sous le nom de *Considérations cosmologiques* [1]. Cette première solution des équations relativistes appliquées à l'Univers dans son ensemble donnera naissance au modèle *statique* d'Einstein. En effet, pour des raisons autant scientifiques que philosophiques, Einstein est attaché à un Univers éternel et globalement immuable. La véritable révolution sera effectuée sur la notion d'espace. Celui-ci, à l'inverse du temps qui reste infini dans le passé comme dans le futur, devient fini (fermé) bien que n'ayant pas de bornes (illimité).

Cette nouvelle « vision géométrique » du monde sera considérée par Lemaître comme fondamentale. Il n'aura de cesse dans ses écrits ou ses conférences de tenter de l'expliciter. Les nouvelles questions ne manquent pas. Le nombre des étoiles est-il fini ? L'espace qui contient ces étoiles est-il fini ? À ces deux questions Lemaître répond par l'affirmative : « Il semble donc, qu'à moins qu'un de nos axiomes les plus immédiatement évidents ne s'applique plus au-delà de Sirius et d'Aldébaran, nous devons conclure que le nombre des étoiles est fini. » [2] Par ailleurs : « Si les étoiles sont en relation de distance, le volume qu'elles comprennent est fini. » [3] Voilà pour la finitude de l'espace, et ce qu'il contient.

Reste la question des frontières. « Un volume fini a-t-il nécessairement une frontière ? » [4], n'hésite pas à demander Lemaître. Pour répondre à la question, il va distinguer ce qui est du domaine de

1. *Kosmologische Betrachtungen zur allemeine Relativitätstheorie*, communication à l'Académie des Sciences de Prusse, février 1917.

2. « La grandeur de l'espace », in *L'hypothèse de l'atome primitif, essai de cosmogonie*, p. 36.

3. *Ibid.*

4. *Ibid.*, p. 45.

l'« imagination » et ce qui est du domaine de l'« intelligence » [1]. Après avoir irrémédiablement écarté l'imagination qui « s'insurge » [2], il utilisera la comparaison de l'espace avec la surface de la Terre pour affirmer que si « l'ensemble de la surface de la Terre est sans frontières, pourquoi n'en serait-il pas de même de l'ensemble de l'espace ? » [3]. Après avoir accepté cette nouvelle façon de voir l'espace issue de la relativité, Lemaître va dès le début des années 1920 chercher à en accepter et à en développer toutes les autres. Le chemin lui semble difficile et il avertit le lecteur qu'il ne faut plus permettre « qu'à la raison d'aller plus loin » [4].

Car les développements cosmologiques d'Einstein posent d'autres bases sur lesquelles Lemaître va constamment s'appuyer. On peut les résumer en deux grands principes. Le premier est celui de *relativité* qui énonce l'invariance des lois physiques dans l'Univers. Lemaître l'exprime ainsi : « La simplicité d'une loi sera vraiment objective lorsqu'elle subsiste, quel que soit le mode de repérage employé. » [5] Ou encore : « Les équations qui expriment une loi physique doivent garder leur forme algébrique, lorsqu'on fait un changement de coordonnées. » [6] L'autre grand principe est le *principe cosmologique* qui pose l'isotropie, l'homogénéité et la répartition uniforme de la matière dans l'Univers. Conséquences : il n'y a plus de centre du monde, ni même de place particulière dans l'espace [7].

1. Il est à remarquer que, comme pour toutes les notions difficiles liées à la relativité, Lemaître va toujours chercher à expliquer pourquoi elles paraissent au premier abord incompréhensibles, voire contradictoires. C'est aussi une des grandes contributions de Lemaître de toujours donner un *sens* le plus justifié, le plus réaliste et le moins abstrait possible des développements relativistes.

2. « Votre imagination s'insurge ; rappelez-vous qu'elle n'a rien à dire », « La grandeur de l'espace », in *L'hypothèse de l'atome primitif, essai de cosmogonie*, p. 47.

3. *Ibid.*

4. *Ibid.*, p. 48.

5. Cette citation est extraite d'un manuscrit de Lemaître, *La physique d'Einstein*, non publié, repris dans l'article de Odon Godart et Michaël Heller « Einstein-Lemaître : rencontre d'idées », publié dans la *Revue des questions scientifiques*, 1979, p. 29.

6. *Ibid.*

7. Cette homogénéité n'est réelle que lorsque l'on regarde l'Univers à très grande échelle, au-delà des amas de galaxies.

Par ailleurs, il faut encore citer la nouvelle formulation par Einstein du *principe de Mach*. Ce dernier, qui permet de faire l'économie de la notion d'espace absolu au sens de Newton, a servi à l'élaboration de la théorie de la relativité générale, mais l'action instantanée à distance qu'il présuppose est contradictoire avec la solution d'Einstein. De ce principe, Einstein conserve néanmoins l'idée que les corps ne se meuvent pas par rapport à un cadre absolu mais par rapport aux autres corps (à *tous* les autres corps). Une telle conclusion conduit le savant allemand tout naturellement à chercher une solution cosmologique à ses équations relativistes : c'est ce qu'il fait en 1917.

Mais sa première solution ne le satisfait pas car elle montre le caractère instable du modèle d'Univers. En effet, si à grande échelle l'attraction gravitationnelle est la seule force qui s'exerce sur la matière, les objets situés dans un Univers fermé auront toujours tendance à se rapprocher. Pour contrebalancer cette tendance, Einstein introduit de manière arbitraire (mais scientifiquement licite [1]) une nouvelle donnée dans les équations : la *constante cosmologique*. Cette constante est en fait une relation entre la densité d'énergie (matière et rayonnement) et la courbure de l'espace à grande échelle qui permet finalement de maintenir l'Univers dans un état statique. La constante cosmologique jouera dans la cosmologie de Lemaître un rôle primordial et il s'y accrochera alors même que la plupart des scientifiques, dont son inventeur lui-même, l'auront abandonnée...

Ainsi, en 1917, la première solution cosmologique des équations de la relativité générale donne l'image d'un Univers fermé sur lui-même, à géométrie courbe, homogène à grande échelle, sans limites dans le temps, et statique. Mais dans les années qui suivent les deux derniers points vont être remis en question par des travaux théoriques et par des observations astronomiques. Lemaître va participer à la reconstruction théorique de la nouvelle cosmologie tout en s'appuyant sur les données observationnelles et ainsi formuler sa fameuse « hypothèse

1. « Parce qu'elle ne contredit aucun des axiomes de la théorie de la relativité générale », selon Jacques Merleau-Ponty, *Cosmologie du XXe siècle*, p. 42.

de l'atome primitif » reposant elle-même sur une originale et controversée « intuition de l'origine ».

2. L'INTUITION DE L'ORIGINE

Einstein a été le premier cosmologiste contemporain. En 1917, deux ans seulement après l'élaboration de la théorie de la relativité générale il décrit l'Univers dans son ensemble dans une construction théorique inédite. La course au bon modèle du Tout n'allait plus s'arrêter. Elle va même se précipiter puisque, quelques semaines seulement après Einstein, le physicien hollandais Williem de Sitter trouve une autre solution cosmologique aux équations de la relativité générale et propose un nouveau modèle d'Univers [1]. Ce dernier suggérait que l'Univers est à la fois stationnaire (change en présentant toujours le même aspect global) et évolutif (ses dimensions croissent). Les conséquences de ce nouveau travail sont multiples mais ce fut Lemaître qui découvrit, en 1925, la « véritable nature » du modèle de W. de Sitter. Dans son étude « Note on de Sitter Universe » [2], il développe toutes les conséquences de la formulation mathématique et conclut au caractère « non statique » de l'Univers et à l'« absence de courbure » (ou de finitude) de l'espace. L'idée d'*évolution* venait de s'introduire en cosmologie et n'en sortirait plus !

Lemaître démontre donc, en ce début des années 1920 et contrairement à ce que pensait Einstein, la possibilité d'une solution non statique des équations de la relativité. Il faut d'ailleurs préciser que ces solutions mathématiques d'un Univers en évolution avaient déjà été trouvées, de manière totalement indépendante à celles de Lemaître, par le physicien russe Alexandre Friedmann. En effet, en 1922 puis

1. Le mémoire de Williem de Sitter parut le 31 mars 1917 dans les *Comptes rendus de l'Académie des sciences d'Amsterdam.*

2. Lemaître, « Note on de Sitter Universe », *Journal of Mathematics and Physics*, MIT, 4 mars 1925.

en 1924, Friedmann publia deux mémoires dans lesquels l'hypothèse de l'Univers en expansion était explicitement exposée. Comme le souligne Jacques Merleau-Ponty, avec Friedmann, « les équations relativistes du champ se ramènent à un système de deux équations différentielles qui admettent une infinité de solutions, spatialement ouvertes ou fermées, dans lesquelles la métrique de l'espace est fonction du temps cosmique » [1]. Malgré l'importance des travaux, ces résultats restèrent longtemps méconnus [2]. C'est sans en avoir jamais entendu parler que Lemaître, dans un article scientifique publié en 1927 [3], redécouvre les solutions de Friedmann. D'ailleurs, Lemaître remercie, en 1929, Einstein de l'amabilité qu'il a eue en lui « signalant l'important travail de Friedmann » [4] qui contient plusieurs des résultats contenus dans son propre travail publié deux ans plus tôt.

L'article rédigé en 1927 par Lemaître se distingue véritablement par sa prise de position affichée et sa volonté de tenir compte des « données d'observation » de l'époque. Le titre est de ce point de vue très significatif : « Un univers homogène de masse constante et de rayon croissant, rendant compte de la vitesse radiale des nébuleuses extra-galactiques. » Dans ce texte, Lemaître part des deux modèles cosmologiques existants. D'une part, de celui de W. de Sitter qui, dans l'Univers, « ignore la présence de la matière et suppose sa densité nulle » [5] mais dont le « grand intérêt est d'expliquer le fait que les nébuleuses extragalactiques semblent nous fuir avec une énorme

1. Jacques Merleau-Ponty, *Cosmologie du XXe siècle*, p. 62.

2. Einstein a lu le premier mémoire mais n'en a pas parlé pendant plusieurs années. Pour Jacques Merleau-Ponty, cette attitude renvoie à sa décision d'abandonner, à cette date, la constante cosmologique après avoir échoué dans sa tentative d'achèvement d'une théorie cosmologique complète. *Ibid.*, voir p. 84-85.

3. « Un univers homogène de masse constante et de rayon croissant, rendant compte de la vitesse radiale des nébuleuses extra-galactiques », *Annales de la Société scientifique de Bruxelles*, vol. 47, série A, avril 1927, in *Essais de cosmologie*, p. 286.

4. Dans une note du texte « La grandeur de l'espace », publié dans la *Revue des questions scientifiques*, mars 1929, p. 216. Note non reproduite dans le texte repris dans *L'hypothèse de l'atome primitif, essai de cosmogonie.*

5. « Un univers homogène... », in *Essais de cosmologie*, p. 286.

vitesse »[1]. D'autre part, de celui d'Einstein « qui tient compte du fait évident que la matière dans l'espace n'est pas nulle » et conduit « à une relation entre cette densité et le rayon de l'Univers »[2].

Par rapport à ces premières solutions, l'intention de Lemaître est donc très claire : « Il semble désirable d'obtenir une solution intermédiaire qui pourrait combiner les avantages de chacune d'elles. »[3] Sa conclusion atteint son objectif : « Nous sommes ainsi conduits à étudier un univers d'Einstein où le rayon de l'espace (ou de l'Univers) varie d'une façon quelconque. »[4] Le travail de Lemaître va alors aboutir à une solution véritablement *intermédiaire* connue par la suite comme le « modèle d'Eddington-Lemaître ». En effet, celle-ci décrit un Univers en expansion avec une densité non nulle de matière, qui lorsqu'on remonte le temps dans le passé tend vers moins l'infini, et ainsi s'approche de manière asymptotique de l'Univers statique d'Einstein.

Outre cette première affirmation nette en faveur de l'expansion de l'Univers, le travail de Lemaître a eu pour originalité de reposer sur des bases observationnelles et ainsi de faire sortir son modèle, mais aussi l'ensemble de la recherche cosmologique, de la pure spéculation théorique et abstraite. Cet accord entre *théorie* et *faits* sera recherché sans relâche par Lemaître : le mathématicien ne se satisfera jamais des purs modèles ou interprétations théoriques sans prises sur le réel. Cette préoccupation lui est apparue fondamentale pendant l'hiver 1924-1925 qu'il passe à l'Observatoire de Harward. Pendant ce séjour aux États-Unis d'Amérique, il eut l'occasion d'assister à la conférence de l'Académie, à Washington, de Edwin Hubble sur sa découverte des Céphéides dans la nébuleuse d'Andromède.

Par ailleurs, Lemaître se tenait au courant des études concernant les nébuleuses extra-galactiques dont on savait depuis 1919 que leur spectre était analogue à celui de la lumière solaire et que, pour la plupart, les raies étaient *décalées vers le rouge*. Il écrit : « Utilisant les

1. *Ibid.*
2. *Ibid.*
3. *Ibid.*, p. 287.
4. *Ibid.*, p. 288.

42 nébuleuses extragalactiques figurant dans les listes de Hubble et de Strömberg, et tenant compte de la vitesse propre du Soleil, on trouve une distance moyenne de 0,95 millions de parsecs et une vitesse radiale de 600 km/s, soit 625 km/s à 106 parsecs. »[1] Le calcul de cette relation de proportionnalité entre le décalage et la distance anticipe rien moins que la *loi de Hubble* que ce dernier ne publiera que deux ans plus tard ![2] Comme l'a fait remarquer l'un des plus grands cosmologistes américains, John Peebles, le résultat est si proche de la valeur de Hubble « qu'il y a dû y avoir une communication de quelque sorte entre les deux »[3]. On peut aussi se demander pourquoi la paternité de la découverte n'est pas revenue en partie à Lemaître malgré cette proximité de résultats et son antériorité de publication. Il est de ce point de vue significatif que, dans la publication anglaise de l'article de Lemaître, en 1931, le calcul de cette loi de proportionnalité n'ait pas été traduit ![4]

Dès 1927, Lemaître est donc fortement convaincu de la véracité de l'expansion de l'Univers (plus précisément de l'espace) et du bon accord de ce modèle avec les données d'observations disponibles. Son modèle va encore se modifier et en un certain sens se *radicaliser*. Mais l'accueil fait à ses travaux n'est pas beaucoup plus enthousiaste ni répandu que celui fait à ceux de Friedmann. Dans un texte où il raconte ses entrevues avec Einstein, Lemaître se remémore sa rencontre avec lui à Solvay en 1927 : « Il me parla d'un article, peu remarqué, que j'avais écrit l'année précédente sur l'expansion de l'Univers et qu'un ami lui avait fait lire. Après quelques remarques techniques favorables, il conclut en disant que du point de vue physique cela lui paraissait tout à fait abominable. »[5] La peur du point d'origine, déjà… Mais avec la publication en 1929 par Hubble de la « loi de Hubble », l'idée de l'expansion de l'Univers se répand dans

1. *Ibid.*, p. 293.
2. Jean-Pierre Luminet, *L'invention du Big Bang*, p. 102.
3. John Peebles, *Modern Cosmology*, Princeton University Press, 1971, p. 8.
4. *Monthly Notices of the Royal Astronomical Society* (MNRAS), 1931, p. 483-489. Article traduit et reproduit sans le calcul, p. 487.
5. *Rencontres avec Einstein* (1958), p. 129.

toute la communauté scientifique, et est peu à peu unanimement acceptée. Reste le problème de l'explication des causes physiques, c'est-à-dire réelles, de cette expansion.

C'est le savant anglais Eddington qui pose, dans un article de 1930, les nouvelles bases de la future réflexion cosmologique : si la métrique varie avec le temps, l'équilibre de l'Univers est nécessairement instable et toute perturbation doit entraîner, soit un phénomène d'expansion, soit un phénomène de contraction. Les nouvelles questions sont donc : quelles sont les perturbations éventuelles ? Comment choisir entre l'expansion et la contraction ? Cette dernière interrogation pose à elle seule un problème fondamental. En effet, si l'on veut bien tenir compte des données de l'observation (ce que fait Lemaître par *principe*), il faut à la fois expliquer l'expansion liée aux mesures de décalages vers le rouge et la contraction qui a donné naissance aux galaxies et aux regroupements de galaxies. L'Univers a de toute évidence évolué dans les deux sens à la fois (expansion et contraction). Le modèle de Lemaître sera la première tentative à former un modèle d'évolution de l'Univers qui rende compte de ces deux phénomènes opposés avec une véritable cohérence globale.

C'est donc en 1931 que Lemaître présente, au cours d'un colloque, son nouveau modèle [1], et parle pour la première fois de « l'hypothèse de l'atome primitif » [2]. Sa première préoccupation est celle de la « contraction ». Reprenant l'image de la nébuleuse primitive de matière de Laplace élaborée un siècle plus tôt, il constate que si « elle est parfaitement homogène, aucun point ne doit plus qu'un autre être considéré comme un centre de gravité » [3]. Mais toute difficulté n'est pas écartée car si l'on considère une petite partie de cette nébuleuse, l'attraction gravitationnelle aura alors tendance à créer une condensation en son centre (arbitrairement posé). Conséquence : « Le centre et le rayon de la sphère sont arbitraires ; la contraction a donc lieu autour de tout point de l'espace. » [4] Pour rétablir l'équilibre ainsi

1. « L'expansion de l'espace », in *Essais de cosmologie*, p. 215.
2. *Ibid.*, p. 237.
3. *Ibid.*, p. 220.
4. *Ibid.*, p. 221.

rompu de la nébuleuse, il faut ajouter une composante aux équations mathématiques et à *l'Univers lui-même* !

Lemaître va trouver ce facteur d'équilibre en revenant au modèle d'Einstein de 1917 et à sa fameuse *constante cosmologique.* Ce terme, qui est inversement proportionnel à la densité de l'Univers et qui n'a d'influence qu'à très grande échelle, « revient à superposer à la force newtonienne qui tend à diminuer le rayon, une force élastique qui tend à l'augmenter » [1]. Mais si l'équilibre entre constante cosmologique et densité est possible, il apparaît pour Lemaître bien précaire puisqu'il suffit d'une prédominance de l'un ou l'autre terme, « aussi faible que l'on veut » [2], pour le rompre. Partant des observations des nébuleuses extragalactiques, Lemaître conclut que « la formation de condensations locales dérange les conditions d'équilibre » [3] en provoquant une *inhomogénéisation* à grande échelle, ce qui donne la prédominance à la constante cosmologique et ainsi déclenche « l'expansion de l'espace ».

Mais après la contraction et l'expansion, Lemaître va introduire un nouveau moment, totalement original, intuitif et inattendu, dans son modèle cosmologique : *le point d'origine.* En effet, si l'on suit l'enchaînement des idées du texte de 1931, il semble bien que le raisonnement qui conduit à l'hypothèse de « l'atome primitif » s'appuie sur une volonté d'utiliser les nouvelles connaissances de la physique atomique, plutôt qu'un raisonnement strictement cosmologique. L'enchaînement des idées suggère une coupure en proposant un lien *arbitraire* (qui rétrospectivement apparaît comme le signe de son originalité et peut-être de son génie) entre les nébuleuses et les atomes. Lemaître le justifie ainsi : « Une cosmogonie vraiment complète devrait expliquer les atomes comme les soleils. » [4] Ainsi, prenant appui sur l'étude des phénomènes radioactifs, il conjecture que la nébuleuse primitive était en réalité un *quantum unique* qui, par désintégration, a donné naissance à tous les composés actuels de l'Univers. Au modèle statique, ou d'évo-

1. *Ibid.*, p. 225.
2. *Ibid.*, p. 226.
3. *Ibid.*, p. 229.
4. *Ibid.*, p. 231.

lution lente, Lemaître oppose sa « cosmologie rapide » avec une « origine ponctuelle », partant du plus simple au plus complexe et susceptible d'expliquer tout ce que l'on voit dans l'Univers.

Sur ces bases, Lemaître construit son modèle cosmologique global qui comporte trois phases bien distinctes : deux expansions rapides séparées par une période de ralentissement. La première phase est celle qui *naît* de la désintégration radioactive de l'atome primitif. Elle est rapide et de type *explosif* (Lemaître reprendra plusieurs fois l'image d'un « feu d'artifice » [1]). Dans cette première période, l'expansion se serait faite « en luttant contre la force de gravitation qui tendait à l'arrêter, la densité de matière étant plus grande que la densité critique » [2]. L'homogénéité de l'Univers est respectée de manière globale mais, affirme Lemaître, « en fait, tant la densité que la vitesse d'expansion variera quelque peu d'une région à l'autre » [3]. Cette petite variation sans importance quand la vitesse d'expansion de l'Univers est grande, va jouer un rôle primordial quand cette dernière va décroître. C'est-à-dire pendant la deuxième phase du modèle de Lemaître.

La seconde période est imaginée par Lemaître pour rendre compte de l'existence des nébuleuses extragalactiques et donner une explication de leur formation. En effet, lorsque l'équilibre s'installe globalement entre la densité de matière dans l'Univers et la constante cosmologique, les effets de l'attraction gravitationnelle seront prépondérants à « petite échelle ». S'appuyant sur les petites inhomogénéités de la première période, les concentrations (étoiles et galaxies) commenceront à se multiplier pour former l'Univers tel qu'on l'observe actuellement. La troisième période décrit donc l'Univers en train de se former *localement.* La grande inhomogénétité qui existe maintenant favorise à grande échelle la prédominance de la force répulsive mesurée par la constante cosmologique : « Les agglomérations se sépareront les unes des autres » [4], dit-il. Dès lors, l'expansion *générale* rapide reprendra sans

1. *Ibid.*, p. 238.

2. « L'univers en expansion » (1934), in *L'hypothèse de l'atome primitif, essai de cosmogonie*, p. 109.

3. *Ibid.*

4. *Ibid.*, p. 110.

pour autant arrêter les agglomérations *locales* déjà en cours. C'est cette dernière période que nous observons aujourd'hui. Le modèle permet donc à Lemaître, d'une part d'expliquer les décalages vers le rouge des galaxies mesurés, d'autre part de laisser le temps à l'Univers pour former effectivement ce que l'on voit dans le ciel.

Dans cet enchaînement de périodes, la plus originale est sans aucun doute la première. Elle soulève pourtant une difficulté majeure : le point d'origine. Conscient de cette difficulté, Lemaître va élaborer une explication physique *et* philosophique qui sera la première expression de ce qu'on appelle scientifiquement une *singularité initiale* et philosophiquement une *origine absolue*. Néanmoins, les résistances scientifiques et philosophiques ne vont pas manquer. Stigmatisant son statut d'homme d'Église, certains adversaires accuseront Lemaître de concordance entre les vérités de la science et celles de sa doctrine religieuse. Pour se défendre sans lâcher ni la science ni la croyance, il faudra à Lemaître inventer une solution inédite, et au sens strict inouïe, de l'interprétation de l'origine de l'Univers : un commencement sans cause.

3. UN COMMENCEMENT SANS CAUSE

« Donnez-moi un atome, et j'en ferai l'univers. » [1] C'est en paraphrasant le philosophe Kant que Lemaître résume, en 1945, sa pensée cosmogonique. En réalité, il cherche surtout à frapper les esprits. Si l'on veut être tout à fait précis quant à la genèse de ses idées cosmogoniques, il faudrait plutôt dire : on lui a donné un Univers, il en a fait un atome ! La proposition est à son époque tout à fait originale et par de nombreux côtés révolutionnaire. C'est sans aucun doute la contribution de Lemaître qui s'est révélée la plus féconde.

1. « Hypothèses cosmogoniques » (1945), in *L'hypothèse de l'atome primitif, essai de cosmogonie*, p. 146.

Aujourd'hui, le modèle standard dit de *big bang* reprend dans ses grandes lignes les idées maîtresses proposées par Lemaître.

En effet, avec l'hypothèse de l'atome primitif, il a aussi inventé et légué un des problèmes les plus épineux (et les plus âprement discutés, même de nos jours) : l'énigme de l'origine de l'Univers. C'est d'ailleurs bien en réfléchissant à cette question que sa théorie a pris forme. « C'est à la lecture d'un intéressant article d'Eddington [1] sur l'origine et la fin du monde qu'a germé l'idée qui s'est développée dans ce livre » [2], écrit-il, en 1946, en parlant de son livre intitulé justement *L'hypothèse de l'atome primitif*. Si son point de départ est bien l'Univers tel qu'il nous apparaît, Lemaître inverse tous les paramètres quand il imagine son origine : « Le commencement du monde a été très différent de l'ordre actuel du monde. » [3] Cette conclusion lui a été suggérée par « l'état actuel de la théorie des quanta » [4]. En effet, de la même façon que Lemaître a utilisé les connaissances de son époque en astronomie, il intègre aussi dans son modèle les progrès, très prometteurs à son sens, de la physique atomique.

Les deux principes physiques sur lesquels repose son raisonnement sont : « 1° L'énergie existe en paquets ou quanta distincts et le total en demeure constant ; 2° Le nombre de ces quanta augmente sans cesse. » [5] Conservation de l'énergie, augmentation du nombre de quanta : il suffit de remonter le temps, c'est-à-dire d'inverser la multiplication des quanta tout en conservant l'énergie, pour « concevoir le début du monde sous la forme d'un atome unique dont le poids atomique est la masse de l'Univers entier » [6]. Malgré les réserves que Lemaître, par principe, émet quant au futur développement de la théorie des quanta, il n'hésite pas à pousser l'analogie avec les atomes classiques et affirmer que « cet atome (primitif) instable se sera divisé

1. Eddington, *Nature*, article du 21 mars 1931.
2. Introduction de *L'hypothèse de l'atome primitif, essai de cosmogonie*, p. 25.
3. *Nature*, 9 mai 1931, in *Essais de cosmologie*, p. 298.
4. *Ibid.*
5. *Ibid.*
6. *Ibid.*, p. 299.

d'une façon analogue aux corps radioactifs »[1]. Les réactions en chaîne (notamment la division des quanta) donneront véritablement naissance au monde tel que nous le connaissons.

C'est le physicien américain George Gamow qui va donner de la consistance physique à la conception de Lemaître. D'une part, il ajoute l'idée de température à l'instant initial de l'Univers, ce qui va lier « concrètement » la physique des hautes énergies et la description cosmologique. Ainsi Gamow élabore ce qu'il est convenu d'appeler la « nucléosynthèse primordiale » qui prévoit que tous les éléments légers de l'Univers n'ont pu être créés que dans la « fournaise initiale ». D'autre part, Gamow prédit qu'un tel événement a dû laisser des traces dans l'Univers actuel sous la forme d'un rayonnement fossile que les Américains Penzias et Wilson découvriront en 1965…

Néanmoins, Lemaître, par une intuition extraordinaire, et sans attendre les confirmations physiques, tire des conséquences conceptuelles fondamentales de sa conception de l'atome primitif : « Si le monde a commencé par un quantum unique, les notions d'espace et de temps n'auront absolument plus de signification au commencement même. »[2] Un peu plus loin, il précise même que « le début du monde a eu lieu un peu *avant* celui de l'espace et du temps ». Malgré le peu de détails donné sur ces premiers temps de l'Univers, et parfois même le manque de rigueur dans l'exposition de son déroulement, l'idée de la « singularité initiale » vient de germer pour la première fois dans l'histoire de la cosmologie[3]. Cette conception de l'origine est aussi, il faut le souligner, en plein accord avec l'idée qu'il se fait de l'expansion de l'Univers qui ne doit pas être conçue comme une « expansion dans quelque chose » mais comme « une variation de la grandeur de l'espace »[4]. La justesse de sa vision de l'évolution de l'Univers est donc bien due à sa conception du point d'origine.

1. *Ibid.*, p. 299.

2. *Ibid.*, p. 299.

3. Jacques Merleau-Ponty : « C'est historiquement, la première figuration concrète de la singularité initiale », in *Cosmologie du XXe siècle*, p. 366.

4. « L'expansion de l'univers » (1966), in *Revue des questions scientifiques*, avril 1967, p. 156.

Lemaître s'intéresse d'abord à la géométrie de ce point d'origine qui semble être pour lui plus significative, plus fondamentale que sa consistance temporelle. Reprenant les démonstrations de la relativité générale, il affirme que, dans « un espace à courbure positive uniforme appelé un espace de Riemann, ou encore espace elliptique »[1], quand on remonte vers l'atome primitif « nous trouvons pour le rayon de l'espace des valeurs de plus en plus petites pour atteindre au commencement une valeur asymptotique nulle »[2]. Quant au problème du temps, l'instant initial du début de la désagrégation est décrit comme « le présent qui n'avait pas d'hier, parce qu'hier il n'y avait pas d'espace »[3].

Lemaître comprend très rapidement le double caractère (qu'il analyse comme un double avantage) de ce début *singulier* : d'une part la toute-puissance de la physique *après* le début de l'Univers ; d'autre part l'impuissance de la physique juste *avant* le début de l'Univers. En effet, en ce qui concerne le premier point, Lemaître affirme sans équivoque que l'hypothèse de l'atome primitif permet, à partir de « conditions idéalement simples »[4], de rendre compte sans faire « appel à aucune force qui ne soit connue par ailleurs [...] de toute la complexité du monde actuel »[5]. Simplicité et physique (et cosmologie !) sont dans son esprit intimement liées et se justifient les unes par les autres. Ainsi, il assimile *naturel* et *simple* en affirmant que « ce serait un *commencement naturel* en ce sens qu'il ne pourrait pas procéder d'un commencement plus simple »[6].

Mais, et c'est le second aspect de la notion de singularité, ce caractère de simplicité absolue est à double tranchant pour la science physique. En effet, comme il le souligne tout aussi clairement : « Dans

1. « Hypothèses cosmogoniques », in *L'hypothèse de l'atome primitif, essai de cosmogonie*, p. 144.
2. *Ibid.*, p. 146.
3. *Ibid.*, p. 146.
4. « L'hypothèse de l'atome primitif », in *Cosmologie du XXe siècle*, p. 262.
5. *Ibid.*
6. *L'hypothèse de l'atome primitif et le problème des amas de galaxies*, p. 8.

l'absolue simplicité, plus aucun problème physique ne se pose. »[1] En faisant venir au monde simultanément le temps, l'espace et le monde lui-même, Lemaître situe le point d'origine juste avant la physique : hors d'atteinte de toute science et donc de toute connaissance scientifique. Une telle position implique une sorte de renoncement du scientifique. Le double caractère de l'hypothèse de l'atome primitif est ainsi parfaitement cohérent. Puisque le temps et l'espace sont apparus avec le monde et que la cosmologie ne peut rien décrire sans l'espace et le temps, l'origine reste scientifiquement inaccessible. Par ailleurs, dès que le temps et l'espace sont là, la science est la seule bonne voie pour décrire le monde.

Mais si le point d'origine est hors d'atteinte de la science peut-il être concevable avec d'autres manières d'avoir accès au monde ? Lemaître répond dans un premier temps par la négative. L'aspect radical de la singularité est à ses yeux indépassable : « Ces considérations, procurent en plus d'un commencement naturel, ce qu'on peut appeler un début inaccessible. Je pense à un début qui ne peut être atteint, même par la pensée, mais qui ne peut être approché que d'une manière asymptotique. »[2] Inaccessible, *même par la pensée*, quelle que soit la pensée ; c'est le message de Lemaître en 1958. A-t-il toujours défendu une telle conception ? En fait, sa position a évolué. Quelles étaient ses conceptions philosophiques au moment où il a exposé pour la première fois l'hypothèse de l'atome primitif, en 1931 ? Ne faut-il pas invoquer ici sa condition de prêtre ? Qu'est-ce que Lemaître entend, d'un point de vue philosophique, par singularité initiale au moment où il l'élabore ? Sa réflexion a, en fait, commencé par une opposition.

En effet, si c'est à la lecture, en 1931, de l'astronome anglais Arthur Eddington, que Lemaître s'est pour la première fois posé le problème de « l'origine du monde », c'est *contre* cette autorité incontestable qu'il va se positionner ! En effet, pour Eddington, l'idée d'un commencement de l'Univers le « répugnait » proprement. Pour Lemaître, il en

1. *Ibid.*, p. 9.
2. *Ibid.*

va tout autrement, cette idée fertilise sa pensée et ses recherches scientifiques. Ainsi, il se place dès le début de sa contribution en marge de la plupart des grands cosmologistes de son temps qui refusent, pour toutes sortes de raisons, de considérer cette question. L'interdiction de parler du « Tout » au XIXe siècle semble s'être transformée en interdiction à parler de l'« Origine » au XXe. Lemaître va se moquer de l'interdiction implicite et des polémiques virulentes pour faire de ce problème *son problème*.

Car, en ce début du XXe siècle, le débat « philosophique » fait rage entre les tenants d'un Univers statique, éternel, incréé, connu sous le nom du modèle « d'État stationnaire » *(Steady State Universe)* et les partisans d'un Univers évoluant d'un point d'origine spécifique et différent de l'Univers tel qu'on observe aujourd'hui. Les attaques sont à la fois scientifiques et idéologiques. Lemaître et ses croyances religieuses sont stigmatisées, mais c'est bien sur le terrain de la science qu'il va chercher à répondre. La suite de l'histoire de la cosmologie, et notamment la découverte du rayonnement cosmologique en 1965, lui donnera raison *a posteriori*. Mais avant cette confirmation *observationnelle* il va devoir se défendre *théoriquement*.

Si l'on reprend sa pensée, pour les notions de temps et d'espace développées dans le texte du congrès de Solvay de 1958, ses conclusions concernant les notions de temps et d'espace sont fermes et claires. En effet, après des considérations sur la géométrie de l'espace et sur la pertinence du principe cosmologique qui affirme que l'Univers est homogène globalement, Lemaître passe à la notion controversée d'« espace-temps ». Il rappelle d'abord que c'est grâce à l'interprétation du décalage vers le rouge des galaxies en termes de « fuite généralisée » qu'il a été possible de passer à des cosmologies *non statiques*. Avant, souligne Lemaître, même la solution non statique de W. de Sitter était « déguisée » en solution statique. Et d'insister sur les « attitudes philosophiques inconscientes », c'est-à-dire les présupposés qui influençaient les conclusions scientifiques des hommes de science.

Lemaître s'attaque ensuite « à la vogue des solutions homothétiques » de type « création continue » défendues par les partisans du modèle de *« Steady state »* qui, si elles acceptent le changement et donnent une explication du décalage vers le rouge des galaxies (une « concession aux observations », précise-t-il avec une pointe de mépris), n'en proviennent pas moins de la même attitude philosophique qui, pour simplifier, nie principalement toute idée de commencement du monde. Renvoyant dos à dos (tout au moins dans leurs présupposés philosophiques) ces deux solutions (de Sitter et *Steady state*), Lemaître va obstinément affronter dans ce texte l'idée de commencement du monde et de singularité initiale.

Il fait tout de suite référence aux antinomies de Kant pour écarter la notion de « conditions initiales » puisque « tout commencement envisagé ainsi pourrait être lui-même considéré comme le produit d'une évolution » [1]. Pour contourner ce cercle, il faut, pour Lemaître, le rompre, c'est-à-dire en fait rompre l'enchaînement causal tel que nous le présente le formalisme scientifique macroscopique. Le point d'origine ne peut être situé sur la ligne de l'enchaînement causal, il doit être absolu, « sans cause antérieure ». Mais alors, concède Lemaître, un tel commencement réel ou absolu ne pourrait être introduit que par une espèce d'action *surnaturelle* qui interromprait arbitrairement la course naturelle des événements, autrement dit *Dieu.* Lemaître se place donc dans l'alternative suivante : ou bien on s'en tient à la science (macroscopique) et il ne peut y avoir de commencement réel, ou bien, si l'on veut un commencement, il faut faire appel à une action « divine » ou « surnaturelle ».

Pour sortir de cette impasse, Lemaître utilise la théorie quantique qui permet de résoudre la contradiction. En effet, selon lui, le « principe d'incertitude », venant de la physique de l'infiniment petit, appliqué à l'Univers, et une analyse de l'entropie comme une tendance naturelle de l'énergie à scinder en de nombreux morceaux, permettent de réconcilier « commencement réel » et « commencement naturel ». Sa définition du commencement devient donc : ce qui n'a pas pu procéder d'un commencement plus simple ou encore qui n'a pas pu exister dans un état plus simple.

1. *Ibid.*, p. 7.

Lemaître va dès lors concentrer son analyse sur cette notion de *simplicité.* Premièrement, elle interdit qu'on applique à la singularité initiale la notion de déterminisme : l'enchaînement des événements n'est pas causal ou encore prédictif mais *simplement réel.* Ainsi, l'Univers aurait pu être, à partir du *même* instant initial, autre que ce qu'il a été. Niant l'enchaînement causal absolu et par là même toute idée de *finalité*, il va jusqu'à affirmer que l'évolution de l'Univers était « imprévisible » [1]. Néanmoins, sans être très précis, Lemaître dit qu'après « que le nombre de paquets (de matière) individuels devient très grand, l'*indétermination* essentielle devient ineffective et est remplacée par le *déterminisme* qui caractérise pratiquement les phénomènes macroscopiques » [2]. Le fondement de la science comme enchaînement causal est récupéré… On retiendra que l'indéterminisme est *essentiel et intrinsèque* au moins à l'origine.

Mais cette notion philosophique de simplicité a une autre conséquence, qui est le revers scientifique de la médaille. En effet, on passe avec elle *naturellement* de la philosophie à la science. Lemaître tire bien une conclusion *scientifique* de sa position *philosophique* : puisqu'il passe de l'idée de « simplicité » à celle d'absence de « problème physique ». Autrement dit, puisque le point d'origine est, du fait de son extrême simplicité, hors du déterminisme et de la ligne de temps, il est *de fait* aussi hors de la physique. Ce qui veut dire finalement hors d'atteinte de la description et compréhension scientifique. Lemaître opère ici un glissement conceptuel : de la notion de *simplicité* du temps et de l'espace il passe à celle *d'absence* de temps et d'espace.

Et, effectivement, c'est parce qu'il n'y a pas de temps et d'espace que le point d'origine est simple et donc hors d'atteinte de la science. La diversité et la quantité, opposées à la simplicité, impliquent le commencement du sens (il faut entendre du sens physique) et donc aussi le commencement du règne de la physique comme science explicative qui permet la prédiction et finalement la compréhension du monde. Conclusion de Lemaître : le point d'origine existe (il ne sert à rien de

1. *Ibid.*, p. 8.
2. *Ibid.*

le nier) mais il est naturellement, c'est-à-dire scientifiquement, inaccessible, c'est-à-dire *inconnaissable*.

Mais, dans cette *ignorance* fondamentale et indépassable de la science, ne peut-on glisser toutes les interprétations *(vérités)* religieuses que l'on veut ? Les partisans d'un rationalisme strict ne manqueront pas de dénoncer l'idée de Dieu cachée dans ce nouvel « havre de l'ignorance », selon l'expression fameuse de Spinoza. Mais la situation n'est plus celle de l'époque de la science naissante : la cosmologie est devenue un domaine scientifique incontestable. Les découvertes vont continuer quelles que soient les positions philosophiques ! Les idées devront évoluer et *céder* devant les faits. Dans cette situation scientifique *et* philosophique qui semble à la fois prometteuse du point de vue de la science et aporétique pour la pensée, Lemaître est au premier plan, impliqué dans ses recherches comme dans sa vie personnelle. Sa préoccupation sera, autant que possible, d'éviter une « nouvelle guerre des mondes ».

4. ÉVITER LA NOUVELLE GUERRE DES MONDES

Au début des années 1930, le débat cosmologique est d'une grande intensité. Deux idées principales sont fermement établies et acceptées de tous. D'une part, le fait que l'Univers dans son ensemble est devenu « un objet de science ». D'autre part, l'idée qu'il ne peut y avoir de cosmologie sans cosmogonie ou de science sans interrogations philosophiques. Autrement dit, pour traiter du problème de la singularité initiale, il faut tenter de résoudre et de comprendre le problème de l'origine de l'Univers, au niveau philosophique *et* en termes scientifiques.

Le premier fait (l'Univers devenant un objet de science) est considéré comme une véritable révolution des mentalités. Car avec l'avènement de la théorie de la relativité générale, l'Univers, au sens du Tout de l'Univers, était accessible aux calculs scientifiques, à la mise en équation, et à l'observation astronomique, c'est-à-dire à l'explication scientifique. Une situation qui n'a pas changé depuis un siècle, au contraire. L'Univers est un des objets de science les plus étudiés et personne ne conteste la légitimité des travaux (même s'il reste de nombreuses controverses scientifiques sur les interprétations secondaires).

C'est Einstein lui-même qui, en rédigeant, en février 1917, le premier mémoire scientifique cosmologique, donne le coup d'envoi dans l'élaboration des différents modèles d'Univers relativistes. Dans le même temps, l'amélioration des observations astronomiques permet d'enregistrer des images de plus en plus lointaines et précises. Certaines seront d'une importance capitale pour le développement des modèles cosmologiques précis et peu à peu acceptés par tous. Ainsi, l'identification des nébuleuses avec des objets extragalactiques, la mesure de leur spectre électromagnétique, de leur position et de leur mouvement a contribué à rendre scientifiquement « expérimentables » les modèles cosmologiques.

Par ailleurs, le développement parallèle des études sur la matière au niveau atomique, qui deviendra la physique quantique, a aussi (quand on s'est rendu compte qu'elles pouvaient nous aider à comprendre un certain état primitif de l'Univers) permis de travailler expérimentalement sur la possibilité « concrète », « matérielle » de certains modèles cosmologiques. Les grands accélérateurs de particules n'hésitent d'ailleurs pas à dire qu'ils expérimentent les « conditions » des débuts de l'Univers. Autant de raisons de transgresser le tabou philosophique des interdictions de parler scientifiquement du Tout de l'Univers et de son origine.

Le second fait particulièrement significatif ayant contribué à la révolution cosmologique de ce début du XXe siècle aura été la possibilité pour la cosmologie de raconter le « récit » de « l'histoire » de l'Univers. En effet, à peine pouvait-on parler scientifiquement de l'Univers dans son ensemble qu'on était conduit *nécessairement* à parler de son évolution depuis son « origine ». Mais cette nouvelle possibilité amenait aussi une nouvelle difficulté, pour les scientifiques comme pour les philosophes et… pour les religieux. En effet, dans son article de 1917, Einstein avait bien cru éviter ce problème du commencement en ajoutant artificiellement et « idéologiquement » la constante cosmologique qui rendait l'Univers théoriquement « éternel ». Mais cette satisfaction intellectuelle qui permit d'éviter les conflits ne va pas durer longtemps.

Sans jamais faire référence aux conséquences idéologiques, les travaux scientifiques de Friedmann et de Lemaître vont *définitivement* arrimer la cosmologie et la cosmogonie et obliger les hommes de science et d'Église à affronter le problème. Car l'idée de « commencement » ou de « genèse » devient le pivot de tous travaux scientifiques et de toute réflexion sur l'Univers. La conclusion est inévitable : si l'Univers est en expansion, il suffit de dérouler le film à l'envers pour s'apercevoir qu'on aboutit naturellement à une situation particulière sur la ligne de temps qui marque le commencement de tout ce qui compose l'Univers.

Mais ce qui fait la particularité du problème à cette époque, c'est la manière *radicale* de poser la question de l'origine. En effet, la théorie de la relativité ayant lié la matière avec le temps et l'espace, il n'était plus possible de parler du début du monde matériel sans poser aussi la question du début du temps et de l'espace. La question de l'origine était donc une question générale, *absolue*. C'est alors que ce qu'on pensait pouvoir comprendre à travers le concept de *commencement* (un point sur une ligne de temps) prenait des allures de problématique *créationniste* (un point qui crée la ligne de temps sur lequel il va s'inscrire a posteriori comme point d'origine).

Cette manière radicale de poser le problème cosmologique est parfaitement menée à son terme par les travaux scientifiques et les écrits philosophiques de Lemaître. Mais quand on connaît son engagement religieux, il n'est pas douteux que la question se soit posée chez lui avec une force accrue. En effet, *après* ses travaux scientifiques, Lemaître développe *naturellement* les implications philosophiques qu'il faut retenir de sa conception de la singularité initiale. « C'est le fond philosophique de l'hypothèse de l'atome primitif. Personnellement j'estime qu'une telle théorie reste entièrement en dehors de toute question métaphysique ou religieuse. Elle laisse le matérialiste libre de nier tout être transcendant. Il peut prendre, pour le fond de l'espace-temps, la même attitude d'esprit qu'il a pu adopter pour des événements survenant en des endroits non singuliers de l'espace-temps. Pour le croyant, elle exclut toute tentative de familiarité avec Dieu, telle que la "chiquenaude" de Laplace ou le "doigt" de Jeans. »[1]

Autrement dit, Lemaître ne veut pas trancher, concernant l'origine de l'Univers, entre la meilleure façon de l'approcher. Aucune voie n'est bonne puisqu'il est inaccessible, donc toutes les hypothèses (il n'y plus de certitude possible ici) sont envisageables et on peut juger en fonction de ses croyances ou préjugés mais sans s'appuyer sur une quelconque connaissance du point d'origine. Lemaître renvoie dos à dos la vision matérialiste et la vision spiritualiste. Faut-il dès lors désespérer ou s'effrayer de la contemplation et l'incompréhension du cosmos présent sous nos yeux ? Au contraire, et c'est toute la force de la pensée de Lemaître : il affirme l'inaccessibilité du point d'origine pour mieux affirmer l'accessibilité de tout le reste de l'évolution de l'Univers.

Il s'oppose ainsi principalement à la conception du philosophe de « l'effroi devant l'Univers », Pascal, en affirmant d'une part que la science n'a pas à capituler devant l'Univers (sauf concernant le point d'origine), elle peut toujours le comprendre (ce n'est qu'une question de temps). Et, d'autre part, que la religion, la croyance et la foi ne peuvent s'appuyer sur l'Univers (ni sur le point d'origine) pour s'établir ou se justifier. Ainsi, la fin du texte *L'hypothèse de l'atome primitif*, porte sur l'analyse précise de la notion « d'atome primitif ». Il faut surtout retenir que le mot atome ne doit pas, pour Lemaître, être pris au sens moderne mais plutôt au sens étymologique qui renvoie en dernière analyse à sa notion développée plus haut de partie la plus « simple possible ». Lemaître revient aussi sur l'hypothèse d'un Univers rebondissant ou « Phénix » auquel il ne croit pas, du fait notamment de l'application de la notion d'entropie.

Finalement, il faut, sur cette question de la singularité initiale, retenir trois choses importantes. La première c'est que Lemaître n'a aucunement une vision ultra-déterministe ou finaliste de l'évolution de l'Univers puisqu'il n'y a pas, par essence, de nécessité entre l'état de

1. *L'hypothèse de l'atome primitif et le problème des amas de galaxies*, p. 10.

l'Univers à l'origine et l'état que nous lui connaissons maintenant. La seconde c'est la « toute-puissance » de la science concernant la connaissance du monde : l'Univers est le domaine réservé, exclusif de la science. Enfin, du fait de cet indéterminisme fondamental, originel, et du domaine réservé de la science, Lemaître écarte toute proximité, il préfère le terme de « familiarité », entre Dieu et l'Univers, c'est-à-dire finalement entre la religion et la science. Les deux voies deviennent semble-t-il inconciliables, ne se croisent jamais (même au point d'origine) et donc aussi ne devraient pas se confronter.

La question se pose néanmoins de savoir si une telle séparation est possible, si elle a été réellement vécue, et comment elle a été conceptualisée par Lemaître. Car les critiques et les suspicions ne vont pas manquer. Du côté des hommes de religion comme des hommes de science. Il est incontestable que la problématique métaphysique entre les partisans d'un monde éternel et ceux qui défendaient l'idée d'une origine va troubler le débat cosmologique scientifique jusqu'au début des années 1960. La notion la plus controversée est bien celle de *création*, que de nombreux scientifiques, dont Einstein, voyaient sous-jacente aux cosmologies comprenant un état primitif singulier. Dans ce contexte, la personnalité de Lemaître, son engagement religieux et sa position radicale quant à l'impossibilité pour la science « d'expliquer » le point d'origine, ont doublement provoqué la suspicion.

Les *a priori* et les jugements sur l'apparence n'ont donc pas manqué. Pour Odon Godart, un de ses principaux disciples, « Lemaître était conscient des difficultés dues aux soupçons d'interférence entre les deux aspects de sa propre personnalité » [1]. Mais pour celui qui fut son fidèle élève, « Foi religieuse et inférence scientifique ont toujours été considérées par Lemaître comme deux domaines tout à fait distincts » [2]. Pour un autre de ses élèves, André Berger, qui a été directeur de l'Institut d'astronomie et de géophysique Georges Lemaître à l'Université catholique de Louvain, « jamais Lemaître pendant ses

1. Odon Godart et Michaël Heller, *Les relations entre la science et la foi chez Georges Lemaître*, publication de l'Académie pontificale des sciences, vol. III, n° 21, p. 3.
2. *Ibid.*

cours ou en conversations privées n'a parlé de religion ni évoqué un quelconque rapprochement »[1].

Malgré ces témoignages et le peu de textes sur ce sujet laissés par Lemaître[2], la question des rapports entre « singularité scientifique » et « création métaphysique », chez Lemaître, *se pose d'elle-même.* Elle possède une dimension générale et une dimension personnelle. La dimension générale est liée au nouveau contexte dans lequel se pose la question relativiste en cette première moitié de XXe siècle. En effet, avec la théorie de la relativité générale et la découverte de l'aspect dynamique et historique de l'Univers, la cosmologie prenait une dimension cosmogonique incontestable et semble-t-il incontournable. Comme le souligne Merleau-Ponty : « Le concept de *création*, depuis longtemps oublié par la philosophie de la nature, surgissait à nouveau dans les pensées et les écrits des cosmologistes. »[3]

Cette nouvelle vision des choses ne peut cependant pas faire oublier la contribution et la véritable teneur des propos de Lemaître dans ce contexte. Car si Lemaître n'avance aucune certitude quant à l'interprétation (non physique) de la singularité, il propose néanmoins une métaphore, une *concordance* possible avec le texte biblique qu'il affirmera plusieurs fois. En effet, pour Lemaître : « Cela s'accorde avec la parole d'Isaïe parlant du "Dieu Caché", caché même dans le début de la création. »[4] Explicitant encore cette idée, il va plutôt nous renseigner sur sa conception de la création divine en rapprochant Dieu du point singulier et non le contraire. Ainsi, toutes les interprétations trop imagées (trop réalistes) de la première action divine lui répugnent : « Il ne serait plus question d'invoquer une action où Dieu perdrait son essentiel incognito, ne resterait plus, suivant le mot du prophète, le Dieu Caché, mais s'abaisserait à quelque chiquenaude initiale ou suivant l'expression désagréable de Jeans, au "finger of God

1. Déclaration de André Berger en septembre 1992.

2. Il semble qu'entre son article de 1931 et la conférence de Solvay de 1958, aucune trace conservée d'une référence à ces problèmes n'ait été retrouvée. Un silence de plus de 25 ans.

3. Jacques Merleau-Ponty, *Cosmologie du XXe siècle*, p. 107.

4. *L'hypothèse de l'atome primitif et le problème des amas de galaxies*, p. 10.

agitating the ether". »[1] Il semble donc qu'il mette la singularité initiale hors de portée des religieux comme il l'avait fait pour les physiciens.

La situation est-elle véritablement *équitable* pour les deux parties ? Malgré la symétrie apparente, la réponse de Lemaître est négative. En effet, là où la cosmologie doit irrémédiablement se taire, la métaphysique garde toute sa puissance : « Le problème de la création garderait son sens métaphysique, dans le sens de la dépendance de tout être, de nous même. Toutes choses ont été faites par Lui. Mais ce problème serait totalement dégagé de la cosmogonie, de ce fonds étrange de l'espace-temps où s'évanouissent toutes nos notions familières dans l'absolue simplicité. »[2] Cette phrase est-elle en contradiction avec l'idée du « Dieu caché » ? Y a-t-il finalement une volonté de donner une supériorité, par l'idée de création liée à la singularité, à la démarche religieuse sur la démarche scientifique ?

En fait, Lemaître dans les deux cas ne se place pas au même niveau. Il opère une distinction qui éclaire les domaines de validité respectifs. « Certains problèmes qui ont préoccupé les philosophes [...] sont mal posés. Il en serait ainsi du problème de la création, non pas dans ce que cette notion a de proprement ontologique en exprimant la dépendance de tout être fini, dans son essence et dans sa propre réalité, vis-à-vis d'un Être Supérieur. À ce point de vue, la création est essentiellement continue, car si cette dépendance pouvait cesser, l'être fini ne pourrait continuer à exister. Mais ce mot peut être employé dans un sens moins profond pour désigner le commencement, le début de l'existence. »[3] La distinction entre ce qui est du domaine de l'être (Dieu) et ce qui est du domaine de l'existence (réalité physique) permet à Lemaître de contourner, pour ce qui touche à Dieu, le problème de la singularité. En effet, puisque Dieu est nécessaire à tous les instants, il l'est aussi au premier (et même avant). À l'inverse, puisque la science ne parle que de ce qui existe, et que, avant le commencement (appari-

1. « L'expansion de l'Univers, réponses à des questions posées par Radio-Canada », texte publié dans la *Revue des questions scientifiques*, n° 2, 1967, p. 160.

2. *Ibid.*

3. *Ibid.*, p. 159.

tion du monde-temps-espace), rien ne pouvait exister, elle ne sera fondamentalement jamais extensible jusqu'à la singularité initiale.

Cette position qui, en formulant deux niveaux bien distincts de validité sauvegarde et la science et la religion, est aujourd'hui la position « officielle » de l'Église. Mais elle ne l'a pas toujours été. L'histoire de la cosmologie, courte puisque d'à peine plus d'un siècle, mais riche de renversements et de découvertes majeures, a connu des épisodes de « guerre des mondes » moderne entre science et religion. L'enjeu principal a bien été le concept de *singularité-création*, mais la suite de l'histoire de l'Univers et sa fin (ou finalité) en ont aussi constitué des chapitres conflictuels.

Lemaître a été au cœur de cette histoire, il faut donc revenir sur sa propre évolution et sur ses interventions auprès d'autorités ecclésiastiques parfois tentées de récupérer la science au profit de la religion chrétienne. Quelles sont les relations globales qu'entretiennent la science (dans le domaine où elle s'applique, c'est-à-dire après l'explosion initiale) et la conviction religieuse de Lemaître ? Quelle est la valeur intrinsèque de la connaissance scientifique pour Lemaître ? Qu'elles sont les implications du fait qu'il n'y a pas de familiarité possible avec Dieu ? Quelle conception épistémologique et philosophique a élaboré Lemaître pour sauver à la fois la religion et la science dans sa vision cosmologique ? Comment a-t-il vécu cette double perspective conceptuelle et personnelle ?

Comment, enfin, a-t-il réagi aux déclarations du pape Pie XII en 1951 qui n'a pas hésité à rapprocher le « Fiat Lux » divin et la description scientifique de l'origine de l'Univers (qui deviendra ensuite la théorie du big bang). L'abbé Lemaître a senti le très grand danger de ce *concordisme* et va intervenir personnellement dans la polémique. Il va aussi participer à la clarification du débat en développant, de sa position particulière d'homme de science et d'Église, la théorie des « deux chemins de la Vérité ».

5. Les deux chemins de la Vérité

« Il n'est guère possible de terminer la revue rapide que nous avons faite ensemble de l'objet le plus grandiose qui puisse tenter le génie de l'homme, sans nous sentir fiers de ces magnifiques efforts de la Science à la conquête de la Vérité, et sans exprimer aussi notre gratitude envers Celui qui a dit : "Je suis la Vérité", qui nous a donné l'intelligence pour le connaître et pour lire un reflet de Sa gloire dans notre Univers qu'Il a si merveilleusement adapté aux facultés de connaître dont Il nous a doués. » [1] C'est ainsi que Lemaître termine son exposé sur « La grandeur de l'espace » en 1929, c'est-à-dire deux ans avant d'exposer son hypothèse scientifique sur l'atome primitif.

Ce dernier paragraphe d'un texte qui ne mélange en rien les données scientifiques et les interprétations religieuses nous rappelle que l'homme qui a participé de manière si importante à poser les bases de la nouvelle cosmologie était un religieux sincère. Malgré sa volonté farouche de distinguer les deux domaines, tant dans ses contributions proprement scientifiques que dans ses nombreux écrits et discours à caractère de vulgarisation, il manque parfois à sa discipline de pensée en donnant son *avis métaphysique*, sa *vision religieuse* des avancées de la science. La question n'est pas tant de souligner ses entorses à son propre code que de tenter de comprendre jusqu'où sa conviction religieuse a pu interférer réellement avec son travail de scientifique.

Pour tenter de répondre à ces questions, il existe, outre quelques citations dispersées, quatre textes où Lemaître aborde explicitement ces questions. Le plus important et le seul imprimé est la retranscription d'une conférence de 1936 au Congrès catholique de Malines intitulée, « La culture catholique et les autres sciences positives » [2]. Les autres textes sont des papiers manuscrits conservés dans les archives

1. « La grandeur de l'espace » (1929), *L'hypothèse de l'atome primitif, essai de cosmogonie*, p. 66.

2. « La culture catholique et les autres sciences positives », *Actes du VIe congrès Catholique de Malines*, tome V, 10 septembre 1936, p. 65-70.

de l'Université catholique de Louvain (Louvain-la-Neuve). Le plus élaboré s'intitule « Les trois premières paroles de Dieu », daté du 29 juin 1921 [1]. Deux autres textes ont été répertoriés : un exposé au Collège des Révérends Pères Jésuites, intitulé « L'Église et la science » postérieur à 1939, et un extrait de sermon sur le thème du rôle des Universités catholiques [2].

Il semble donc que le premier témoignage d'une réflexion entre science et religion chez Lemaître remonte au texte-sermon de 1921. À cette époque, Lemaître, qui décida de devenir prêtre après la fin de la Première Guerre mondiale, est totalement accaparé par ses recherches scientifiques (il a obtenu le grade de Docteur en mathématique et physique en 1920). Sa première intention est bien de trouver une cohérence entre dogme chrétien et enseignements scientifiques. Dans un premier temps, il affirme donc que « nulle part on ne voit d'indice que cette énumération (dogme de la création) ait une valeur scientifique » [3]. Mais c'est parce que cette énumération a été « faite à l'usage et suivant les mentalités des lecteurs de Moïse » [4]. Pourtant, la concordance, pour Lemaître, existe. Cette énumération n'a pas été faite par hasard, elle « a le même objet matériel que les sciences naturelles : la description du monde physique tel qu'il apparaît à tout homme » [5]. Ainsi pour le prêtre-scientifique, les deux voies ont le même objectif et devraient aboutir au même savoir : *l'unique vérité*. « Il se peut qu'un jour la science se rapproche de si près de la Vérité idéale qu'elle poursuit, que son affirmation apparaisse avec évidence avoir été proférée jadis par Moïse » [6], dit-il confiant.

Mais si, dans la suite du texte, Lemaître va tenter une première étude de la concordance possible (qu'il présente comme une « hypo-

1. « Les trois premières paroles de Dieu », six pages manuscrites datées du 29 juin 1921, texte non terminé et non publié.

2. Odon Godart et Michaël Heller, *Les relations entre la science et la foi chez Georges Lemaître*, 1978, p. 5.

3. « Les trois premières paroles de Dieu », p. 1.

4. *Ibid.*

5. *Ibid.*, p. 2.

6. *Ibid.*

thèse de travail ») entre textes sacrés et savoirs actuels, il y met quand même une réserve qui doit, selon lui, lever tous les soupçons : « Cette étude ne présente d'ailleurs aucun danger. Nous n'envisageons une portée scientifique des paroles sacrées *que si* la science l'affirme » [1] (souligné par moi). On le voit même au moment où Lemaître affirme une volonté de concordance, il ne veut pas soumettre la vérité de la science à celle des textes religieux. La notion de vérité sera d'ailleurs pour lui son véritable guide tout au long de sa vie, que ce soit dans le domaine scientifique ou dans celui de la religion.

C'est ainsi que, 15 ans après ce texte, il confirme cet attachement en le plaçant au tout début de son discours fait au VIe congrès de Malines : « La plus haute des activités humaines est la recherche de la vérité. [...] La fin propre de l'humanité : la conquête de la vérité. » [2] Mais, à cette époque, Lemaître a déjà abandonné la concordance stricte de 1921 en déconnectant la vérité accessible par les sciences et celle donnée par les textes sacrés. En effet, il y distingue la vérité *surnaturelle* « mise à notre portée par le Christ et son Église » et la vérité *naturelle* « immédiatement proportionnée à la puissance de notre nature intelligente » [3]. Lemaître insiste sur la distinction radicale qu'il veut maintenant établir entre les « deux vérités ».

Ainsi, en ce qui concerne la vérité naturelle, c'est-à-dire le domaine de la science, du point de vue méthodologique la démarche est identique pour tous : « Le chercheur chrétien doit maîtriser et appliquer avec sagesse la technique spéciale propre à son problème. Ses moyens d'investigation sont les mêmes que ceux de son collègue incroyant. » [4] Le chercheur chrétien doit, poursuit Lemaître, faire « abstraction de sa foi dans sa recherche » [5]. Par ailleurs, la théorie théologique de Lemaître va, elle aussi, renforcer cette coupure. Le chercheur chrétien « sait aussi que nulle part Dieu ne s'est substitué à sa créature. L'activité divine omniprésente est partout essentiellement cachée. Il ne

1. *Ibid.*, p. 3.
2. « La culture catholique et les autres sciences positives », p. 65.
3. *Ibid.*
4. *Ibid.*, p. 69.
5. *Ibid.*, p. 70.

pourra jamais être question de réduire l'Être suprême au rang d'une hypothèse scientifique »[1].

Le raisonnement qui assure l'autonomie de la vérité naturelle assure donc aussi celui de la vérité surnaturelle. Lemaître veut que si la religion ne puisse faire aucun mal à la science, la réciproque soit aussi absolument vraie. « Lorsqu'il pense aux vérités de la foi, il (le chercheur chrétien) sait que ses connaissances sur les microbes, les atomes ou les soleils ne lui seront ni un secours ni une gêne. »[2] Il peut donc aller « librement de l'avant avec l'assurance que de sa recherche ne peut surgir aucun conflit réel avec sa foi »[3]. Mais cet idéal, Lemaître sait qu'il est difficile à tenir et il connaît les conflits passés entre interprétations bibliques et nouvelles données scientifiques. Ainsi conseille-t-il aux hommes d'Église, s'ils ne sont pas tranquillisés selon ses principes, de ne pas s'emporter, de peur de provoquer eux-mêmes la confrontation. « Peut-être les théologiens ont-ils eux-mêmes quelques responsabilités dans le malentendu qui oppose science et foi. Lorsqu'une apparence de conflit surgit entre un point traditionnel de l'enseignement de la religion et une hypothèse nouvelle qui commence à s'étayer sur des faits, ils ont trop facilement tendance à attendre jusqu'au dernier moment que l'hypothèse soit définitivement prouvée. »[4]

Cette tentation née de la peur du « conflit des vérités » peut donner lieu à une véritable guerre idéologique ou « nouvelle guerre des mondes » que Lemaître a toujours voulu éviter. Certains scientifiques eux-même ont pris part à la crispation. Ainsi l'un des plus grands cosmologistes de l'époque, l'Américain George Gamow, pourtant peu soucieux des problèmes religieux, a assimilé le premier rayonnement cosmique au *Fiat Lux* biblique. Mais surtout le pape Pie XII, amateur de science, n'a pas hésité à faire preuve d'enthousiasme, au début des années 1950, devant ce qui lui apparaissait comme la concordance évidente entre explication scientifique et récit biblique. Et c'est,

1. *Ibid.*, p. 69.
2. *Ibid.*, p. 70.
3. *Ibid.*, p. 69-70.
4. *Ibid.*, p. 66.

semble-t-il, grâce à l'intervention de Lemaître que cette prise de position a été « rectifiée » et n'a pas eu les conséquences tant redoutées. C'est le père George Coyne, ancien directeur de l'observatoire du Vatican, qui a mis en lumière au début des années 1990 le rôle majeur que Lemaître a joué dans la position de l'Église vis-à-vis de la cosmologie moderne et plus particulièrement de la théorie du big bang [1].

L'affaire commence le 22 novembre 1951 alors que le pape Pie XII, amateur enthousiaste de la science, prononce le discours inaugural d'une semaine d'études devant l'Académie pontificale des sciences sur le problème des « microséismes » [2]. Les premières affirmations prennent de la hauteur mais ne laissent pas de doute sur l'orientation générale du propos : « La vraie science, en effet, contrairement à ce que l'on a inconsidérément affirmé dans le passé, plus elle progresse, et plus elle découvre Dieu, comme s'il attendait aux aguets derrière chaque porte qu'ouvre la science. » [3] Un choc pour certains de ses auditeurs dont l'abbé Georges Lemaître.

En effet, pour le Pape, la science ouvre une nouvelle ère qui met fin à la guerre des vérités puisque c'est bien la même qui est dévoilée de façon naturelle (science) et de façon surnaturelle (Révélation). Et c'est bien la cosmologie qui semble à Pie XII faire le lien, confirmer une fois pour toutes que c'est la même chose qui est objet de science et de croyance. Ainsi, délaissant complètement les « microséismes », il ajoute : « Il semble, en vérité, que la science aujourd'hui, remontant d'un trait des millions de siècles, ait réussi à se faire le témoin de ce "Fiat Lux" initial, de cet instant où surgit du néant, avec la matière, un océan de lumière et de radiations, tandis que les particules des éléments chimiques se séparaient et s'assemblaient en millions de galaxies. » [4]

1. George Coyne, « L'Église dans le monde. Religion et science : tradition et actualité », in *La Documentation catholique*, 74e année, tome LXXXIX, n° 2046, 15 mars 1992, p. 276.

2. Pie XII, « Les preuves de l'existence de Dieu à la lumière de la science actuelle de la nature », discours du 22 novembre 1951, in *La Documentation catholique*, 33e année, tome XLVIII, n° 1110, du 16 décembre 1951, colonnes 1537-1550.

3. *Ibid.*, c. 1538.

4. *Ibid.*, c. 1547.

Le mélange des genres est franc, décomplexé, mais aussi naïf. Les termes scientifiques, « particules », « éléments chimiques », « radiations », « galaxies », côtoient les métaphores bibliques, « Fiat Lux », « néant ». Le discours est néanmoins idéologiquement subtil car la science n'est pas une *preuve* de la vérité biblique (la révélation n'a pas besoin de preuve) mais un « témoin » qui rapporte la vérité sans la créer. Les modifications éventuelles de la connaissance à venir peuvent faire varier le scénario du commencement de l'Univers, la fonction de « témoin » restera. La « question » de l'origine est devenue scientifique : cela suffit pour renforcer sa concordance avec les « réponses » religieuses.

Finalement, Pie XII va conclure dans le lyrisme le plus exalté : « Vers cette époque, le cosmos est sorti de la main du Créateur. »[1] L'origine et la création sont ainsi assimilées et expliquées, si l'on peut dire, par la métaphore de la « main » de Dieu. Lemaître, en tant que scientifique et ami du Pape, est gêné par cette déclamation sans nuances. Il sait que la position concordiste représente un risque à la fois pour la science et la religion. Il a consacré plus de trente ans à, justement, séparer des domaines que lui aussi avait, dans un premier temps, rapprochés. C'est donc, toujours selon les dires du Père Coyne, Lemaître qui va intervenir auprès du Pape pour lui demander de revenir en arrière et d'abandonner le concordisme sous-jacent et dangereux de ce discours.

Le fait est que, moins d'un an plus tard, le 7 septembre 1952, le même Pie XII, devant l'assemblée générale de l'Union astronomique internationale[2], aura un discours très en retrait et même parfois contradictoire avec celui de 1951. Ainsi, malgré l'érudition astronomique déployée et alors que l'occasion était encore plus propice que lors du premier discours, aucune phrase explicitement concordiste n'est identifiable, même entre les lignes. Il n'y a pas plus de juxtaposition, parallélisme, puisqu'il n'y est fait aucune référence à la Genèse ni

1. *Ibid.*, c. 1548.

2. Pie XII, « Le discours du Souverain Pontife au congrès mondial d'astronomie », discours du 7 septembre 1952, in *La Documentation catholique*, 34e année, tome XLIX, n° 1131, du 5 octobre 1952, colonnes 1217-1226.

a aucune métaphore de la Bible. Selon le père Coyne, ce revirement s'explique si l'on sait que Lemaître, lors d'un voyage en Afrique du Sud, fit escale au Vatican. Il aurait alors mis en garde le Pape contre « le grave préjudice » [1] que ferait porter une telle attitude dans les rapports entre l'Église et les scientifiques.

Ainsi, le nouveau texte ne garde presque aucune trace du concordisme précédent. La métaphore est en quelque sorte laïcisée et se réduit à ce que la science peut accepter sans se sentir manipulée, en parlant des « processus cosmiques qui se sont déroulés au premier matin de la création » [2]. Chacun peut dès lors comprendre ce qu'il veut, et la doctrine des deux vérités, chère à Lemaître, est rétablie sans le dire. Ainsi, pour le père Coyne, Lemaître a agi par conviction religieuse non concordiste mais aussi par convenance personnelle. En effet, pour Coyne « l'attitude du Pape l'exposait à la critique » [3] qui aurait pu alors affirmer que l'hypothèse scientifique de l'atome primitif n'avait été « en réalité avancée que dans une mentalité concordiste ». Protéger la science pour se protéger lui-même : sauver la validité des hypothèses scientifiques en réaffirmant justement que Dieu ne peut pas, selon l'expression de Lemaître, « être réduit à une hypothèse ». Aussi belle soit l'hypothèse.

Jusqu'au bout, donc, Lemaître va tenir à sa distinction radicale entre science et religion mais sans aller jusqu'à une position extrême. Il enseigne finalement une position qui, pour être médiane, n'en est pas moins rigoureuse : se tenir à égale distance de la position strictement concordiste comme de la position de coupure radicale qui, précise son disciple Odon Godart, « lui ferait considérer les deux aspects de sa vie comme deux compartiments soigneusement isolés ». Car la question se pose : s'il existe, finalement, deux vérités, le chrétien peut-il être tiraillé dans sa vie ? Sans hésiter, Lemaître répond par la négative en affirmant que la séparation *théorique* radicale entre les deux vérités n'empêchait pas une concordance de *fait*.

1. « L'Église dans le monde. Religion et science : tradition et actualité », p. 277.
2. « Le discours du Souverain Pontife au congrès mondial d'astronomie », c. 1222.
3. « L'Église dans le monde. Religion et science : tradition et actualité », p. 277.

Ainsi, selon son ancien élève, André Berger, « il avait la tranquillité de l'homme qui a trouvé la vérité dans les deux domaines qui lui tenaient le plus à cœur ». Il est certain que, sans revenir à sa période concordiste, il a vécu, pendant la dernière partie de sa vie, *comme si* ces deux vérités se correspondaient. Tout au moins affichait-il la sérénité de celui qui n'a pas de conflit important à résoudre. Il pouvait affirmer à la fin ce son texte sur *La culture catholique et les autres sciences positives* : « Foi et Raison, sans mélange inconvenant ni conflit imaginaire, s'unissent dans l'unité de l'activité humaine. » [1]

Les nombreuses félicitations à propos de sa cosmologie des instances religieuses, sa nomination à l'Académie pontificale des sciences (lors de sa création en 1936), puis son poste de président de cette même Académie de 1960 à sa mort en 1966, ont sans aucun doute renforcé Lemaître dans l'idée que l'époque qu'il a traversée était, au fond, particulièrement propice à un rapprochement entre science et religion. Mais il a travaillé à un certain type de rapprochement : celui qui rend possibles la paix collective et la tranquillité individuelle à laquelle il tenait tant.

À la fin de sa vie, l'ère des grands conflits, de la « guerre des mondes », lui semblait peut-être en train de s'achever. À sa façon il aura contribué à cette paix tout en respectant l'autonomie de chacun des domaines. Car la tension de sa pensée, visible dans tous ses textes, consistait à toujours éviter la *domination* d'une discipline sur l'autre mais aussi la *séparation* radicale qui suppose la fin du dialogue. En effet, Lemaître a été un véritable partisan du rapprochement entre science et réflexion (religieuse ou plus généralement philosophique). Cette tension est la nôtre encore aujourd'hui, et les questions de Lemaître, voire ses réponses, restent d'actualité. La théorie scientifique du big bang peut dès lors se développer à l'infini, son « testament » est déjà écrit.

1. « La culture catholique et les autres sciences positives », p. 70.

6. Le testament du big bang

« Je doute que quiconque d'autre que vous ait étudié avec autant de soin les implications cosmologiques de la théorie de la relativité. » [1] C'est en ces termes qu'Einstein rend hommage, en 1947, à Lemaître pour ces travaux cosmologiques élaborés à partir des équations relativistes. Pourtant, malgré ces éloges, la contribution de Lemaître à l'avènement de la cosmologie moderne n'a jamais été mise en avant dans l'histoire des sciences du XXe siècle. Comment expliquer ce relatif oubli, voire cette injustice ? Car Georges Lemaître n'est rien d'autre qu'un des premiers hommes de science à entrevoir et développer les conséquences de la toute nouvelle théorie de la relativité. Il est aussi celui que l'on considère aujourd'hui comme le *père* de la plus grande théorie du XXe siècle : le modèle cosmologique dit du big bang. Sa contribution est maintenant, peu à peu, mise en lumière. Mais les résistances subsistent malgré la richesse de ses travaux scientifiques.

Or, qu'on en ait conscience ou pas, la contribution de Georges Lemaître est *contenue* dans notre manière de comprendre et de penser le big bang. En effet, sa personnalité est une des *raisons* de la manière dont la théorie du big bang a été d'abord suspectée et rejetée avant d'être acceptée et finalement survalorisée. Pour tenter de dévoiler ce que cette construction scientifique sans précédent nous lègue comme « testament » scientifique et philosophique il faut donc revenir sur celui qui en est le principal concepteur, l'abbé Georges Lemaître. Des multiples traits significatifs et éclairants peuvent être retenus, le premier est sans aucun doute sa formation de théoricien.

En effet, Lemaître est avant tout un mathématicien qui s'est intéressé à l'astrophysique et à la cosmologie par goût personnel, tout en demeurant fidèle à sa formation jusqu'à la fin de ses jours. Dans un premier temps, cette particularité n'a pas été un handicap puisque la toute nouvelle théorie de la relativité était exclusivement mathéma-

1. Albert Einstein, Lettre du 26 septembre 1947, in *Essais de cosmologie*, p. 307.

tique. C'est d'ailleurs à partir du rapprochement entre mathématiques et physique que Lemaître a pu, souvent le premier, tirer des interprétations nouvelles et des hypothèses originales en près de cinquante ans de recherches, jusqu'à sa mort en 1966. Mais, malgré les références explicites aux observations astronomiques les plus en pointe et aux recherches nouvelles en physique des particules, Lemaître va continuer toute sa vie à réfléchir et travailler en *théoricien*. Or, pour certains, on ne *découvre* pas avec les seuls yeux de l'esprit, fussent-ils mathématiques. Car, il y avait, dans la première moitié du XXe siècle, une véritable peur que les idées *a priori* ne viennent *déformer* les observations astronomiques et les expérimentations physiques. Premier soupçon qui pesait sur Lemaître : vouloir imposer une vision préconçue à l'Univers réel observable. Certains même n'ont pas hésité à franchir le pas et affirmer que ces idées étaient guidées par ses croyances religieuses. Accusation majeure !

Ainsi, malgré la publication en 1927 de ses calculs sur la loi des rapports entre l'éloignement des galaxies et le décalage vers le rouge de leur lumière, personne ne retient la profondeur de ce rapprochement entre théorie et faits d'observation. La loi, *redécouverte* par l'observateur Hubble deux ans après, fera elle beaucoup de bruit et pratiquement instantanément l'unanimité dans la communauté scientifique. De même, son hypothèse de l'atome primitif, en 1931, sera proprement ignorée et repoussée comme spéculation suspecte et… inutile. L'intuition ne suffisait plus à partir des années 1930 pour décrire l'Univers, puisqu'il devenait « expérimentable » grâce aux progrès de l'observation : il fallait en donner une description aussi précise que possible. C'est dans cet ordre d'idée que Jacques Merleau-Ponty affirme : « La partie la plus nouvelle, la plus originale et la plus séduisante de la Cosmogonie de Lemaître, celle qui concerne l'atome primitif et la première phase de l'expansion est malheureusement aussi la moins élaborée au point de vue physico-mathématique. » [1]

On comprend dès lors pourquoi la contribution de Gamow (physicien entouré d'une équipe de collaborateurs) a pu laisser son

1. Jacques Merleau-Ponty, *Cosmologie du XXe siècle*, p. 368.

empreinte sur le développement des premiers instants de l'explosion initiale au point d'effacer d'une certaine manière l'inspiration de Lemaître sur laquelle il avait travaillé. Au niveau du grand public, cet oubli se traduit par l'idée que la théorie du big bang a été inventée par Gamow alors qu'elle découle tout naturellement de celle de l'atome primitif de Lemaître. Hubble pour l'expansion de l'Univers, Gamow pour son origine : la victoire (et la gloire !) semblait réservée aux seuls observateurs et expérimentateurs.

Une autre raison que l'on peut invoquer pour expliquer le peu de postérité de l'héritage scientifique de Lemaître tient à son cadre de travail. En effet, né en Belgique, Lemaître a passé toute sa vie, et sa carrière à l'université de Louvain (située d'abord dans la ville historique de Louvain, puis à Louvain-la-Neuve, au sud de Bruxelles). Or, il n'y avait pas à l'époque de ses études, de son doctorat ou même de ses travaux ultérieurs, de tradition astronomique ou physique. De fait, Lemaître n'a pas été un continuateur et, ce qui a été encore plus déterminant, n'a pas fait école dans le cadre de son Université. On ne lui connaît guère de disciples ayant poursuivi et développé ses travaux. S'il a créé l'« Institut d'astrophysique et de géophysique », ce dernier ne s'est développé qu'autour des travaux de Lemaître, sans connaître de suite. Aujourd'hui encore, son influence à l'intérieur des murs de l'université de Louvain tient plus à sa *personnalité* qu'à son *œuvre*.

Il est vrai qu'on ne peut négliger la personnalité très particulière de Lemaître. Tout au long de sa carrière, il a cultivé une double image dont aucune ne favorisait le développement de la notoriété. D'une part, une humilité réelle qui le poussait à ne pas se mettre en avant, à ne pas engager de débats sur d'éventuelles querelles de priorité ou faire de la publicité autour de ses idées. D'autre part, et paradoxalement, une non moins réelle satisfaction de soi. En effet, conscient en ses capacités intellectuelles, fier de ses travaux théoriques, il avait parfois une attitude qui pouvait laisser supposer qu'il était imbu de sa personne. Il était sûr de lui et de ses certitudes, qu'elles soient d'ordre scientifique ou religieux, mais n'exprimait pas le besoin de les communiquer à toute force. Il semble bien, en première analyse, qu'il se désintéressait de la notoriété, même si, selon certains collaborateurs, ce manque de reconnaissance internationale le « faisait souffrir ».

Le troisième et dernier aspect qui a incontestablement joué en sa défaveur est son engagement religieux. Il a dans l'esprit de nombreux scientifiques de son époque (pour certains encore maintenant) jeté la suspicion sur les intentions cachées de ses développements scientifiques. Il semble pourtant qu'il a toujours œuvré à l'opposé de la pratique, qui chez certains hommes d'Église consiste à utiliser la science (ou d'autres disciplines) comme un moyen en fonction de la seule et unique fin de promotion des opinions religieuses. Il a même été jusqu'à s'opposer au plus grand représentant de cette tendance, Blaise Pascal, en affirmant que si un peu de science ne peut éloigner de Dieu, beaucoup de science n'en rapproche *pas non plus*. De la même façon, il s'est opposé personnellement, avec respect mais sans concessions, au pape Pie XII qui, au début des années 1950, voyait la confirmation de la genèse dans les théories physiques et cosmologiques.

Pourtant, c'est bien Lemaître, et non les *purs* expérimentateurs ou observateurs, qui portait le « message » du big bang. En effet, la *preuve* de la pertinence de ses idées allait être magistralement apportée en 1965 par les Américains Robert Wilson et Arno Penzias. C'est en écoutant le ciel dans les longueurs d'onde radio que les deux radioastronomes découvrent un rayonnement baignant uniformément l'ensemble de ciel, à une température de 3 degrés kelvins, c'est-à-dire – 270 °C. Or une telle uniformité globale ne peut s'expliquer que si l'on imagine dans le passé de l'Univers un moment « physique » très chaud et en parfait équilibre thermique (sans relation aucune avec l'extérieur). Autrement dit, ce fond diffus cosmologique est un résidu très refroidi du big bang originel ! Ce rayonnement témoin de l'explosion primordiale de l'Univers, Lemaître avait toujours voulu le voir dans l'énigme que constituaient à son époque les flashs de lumière très puissants appelés « rayons cosmiques ». Il avait tort quant à la *cause* physique du phénomène mais son *hypothèse* d'un vestige de l'origine était juste et correspondait parfaitement au rayonnement 3 K.

Car, et c'est l'intérêt de la spéculation de Lemaître, sans hypothèse *a priori* cette observation ne peut se comprendre par elle-même ! En effet, le fond cosmologique n'est pas une mesure locale, valable dans une seule partie du Tout, mais bien un phénomène global impliquant l'Univers dans son ensemble. On ne peut donc se contenter d'une explication partielle (ceci c'est produit ici parce que…), il faut une théorie qui explique à la fois ce qui est observé et ce qui ne l'est pas (c'est partout la même chose !). Comme l'a analysé le philosophe des sciences Jaques Merleau-Ponty, pour la première fois dans l'histoire de l'astronomie ce n'est pas le global qui s'impose au local (par un coup de force arbitraire) mais le local qui *réclame* le global pour se comprendre lui-même. L'observation du 3 K nécessite donc d'être généralisée pour être comprise, c'est pour cela qu'on a appelé ce *fait* d'observation un *principe* cosmologique. La jonction entre la pensée théorique et les mesures concrètes était rendue nécessaire, substantielle et indépassable, comme un « testament éternel », quels que soient les bouleversements ultérieurs des futures avancées.

Quelques semaines avant la mort de Lemaître, son élève Odon Godart rapporte que « bien que très malade, il exprimait lucidement sa satisfaction au sujet de la découverte »[1] de Penzias et Wilson. Il fait peu de doutes que le « père » du big bang voyait là son idée maîtresse confirmée, *immortalisée.* Mais avec ce retour inattendu de la *pensée* dans la *science* il fallait redoubler de prudence quant à la possible domination de l'une sur l'autre. En effet, puisqu'il faut penser *abstraitement* pour comprendre *concrètement*, il s'agit maintenant de bien distinguer le rôle de l'une et de l'autre des activités pour éviter à l'avenir le retour des pensées arbitraires et des manipulations qui peuvent s'ensuivre. Lemaître, ici encore, dans ses écrits comme dans ses actes, peut être d'un indispensable secours.

En effet, l'idée de Lemaître d'une science capable de décrire l'Univers, de comprendre l'aspect *naturel* du monde dans sa totalité, s'appuie sur une « liberté d'esprit » de tous les chercheurs, quelles que soient par ailleurs leurs autres convictions. Et s'il a été le véritable inventeur de l'idée « d'origine de l'Univers », il a aussi libéré à la fois

1. Odon Godart, « Mgr Lemaître et son œuvre », revue *Ciel et Terre*, n° 34, mars-avril 1967, p. 4.

la recherche scientifique et la pensée philosophique ou religieuse. En effet, l'idée de « commencement des mondes » peut être maintenant un « objet de science » enfin autonome, voire *laïc*. Car s'il n'y a pas de « proximité » entre Dieu et le big bang, cela veut dire, pour Lemaître, qu'il n'y a pas de voie naturelle *vers* Dieu ni donc *contre* Dieu. Autrement dit, si la science ne peut trouver aucune preuve de l'existence de Dieu, elle ne peut pas non plus en trouver une de sa non-existence. Dès lors, pour Lemaître, la voie est libre et totalement dégagée pour ceux qui veulent trouver Dieu par la voie *surnaturelle*.

Ce qu'il y a de remarquable, c'est que cette liberté repose bien sur son idée *scientifique* du big bang et son analyse de la notion de singularité initiale. En effet, pour Lemaître il n'y a pas eu à l'origine de l'Univers de cause absolue, de premier moteur, de *doigt* propulseur : le monde ayant commencé sans cause on ne peut évidemment pas la retrouver, la saisir ou la comprendre. La question du sens ou du « pourquoi » ne peut donc pas être résolue par la science qui se limite au « comment ». Pourquoi y a-t-il quelque chose plutôt que rien ? Pourquoi y a-t-il ceci plutôt que cela ? La connaissance ne peut, par essence, répondre à ces questions. La religion garde donc, quels que soient les développements scientifiques à venir, la liberté de répondre à sa manière à la question du « pourquoi ». La religion mais aussi *du coup* la philosophie et plus précisément encore la métaphysique.

En effet, si Dieu ne peut pas être, selon son expression, réduit au rang d'« hypothèse scientifique » cela signifie pour Lemaître que la Vérité absolue ne peut pas être la « vérité scientifique ». En effet, celle-ci ne peut élaborer, du moins au XXe siècle et assurément dans le domaine de la cosmologie, que des d'hypothèses. La cosmologie donne accès à une vérité naturelle qui n'est qu'une vérité *approchante* et donc susceptible d'être améliorée ou même remplacée. Pour cette raison *aussi* la philosophie, et sa branche métaphysique, reste toujours aussi *nécessaire* et n'a pas à se soumettre à la science ou à un préalable de connaissance scientifique. Tout au plus ne doit-elle pas entrer en contradiction frontale.

Ici encore, c'est la conception de Lemaître de l'« l'origine de l'Univers » qui détermine sa réflexion générale. Ainsi, dans un texte non publié destiné à l'*Encyclopédie catholique du Japon*, il affirme clairement sa pensée : « Nous pouvons parler de cet événement comme d'un commencement. Je ne dis pas une création. Physiquement, c'est un commencement dans le sens que si quelque chose est arrivé avant, il n'a pas d'influence observable sur le comportement de notre univers, car toute propriété de la matière avant ce commencement a été complètement perdue par l'extrême contraction au zéro théorique. »[1] Vision lucide, modeste mais forte et encore si moderne.

Et il ajoute : « Toute préexistence de l'Univers à un caractère métaphysique. Physiquement tout arrive *comme si* c'était réellement un commencement. Quelque chose partant de rien, est une question philosophique qui ne peut être résolue par des considérations physiques ou astronomiques »[2] (souligné par moi). Il y a donc bien une *troisième voie* pour interroger l'Univers : à côté de la voie *naturelle* de la science (mais dont les réponses sont toujours révocables) il y a la voie *surnaturelle* de la religion (qui implique la Révélation) et la voie de la *réflexion* métaphysique (qui n'est jamais exclue par les deux autres).

La possibilité de faire cohabiter ensemble ces trois manières de voir le monde, de les faire dialoguer en paix et de les laisser se développer sans être conduit à des positions contradictoires explique peut-être le caractère de bon vivant, de jovialité, de sérénité et parfois même de contentement dont parlent les personnes qui ont connu Georges Lemaître. Son célèbre rire tonitruant qui résonnait dans les couloirs de l'université de Louvain est peut-être un signe des plus révélateurs de sa sérénité. Et un effet inattendu, laissé en héritage à l'humanité entière, de la théorie du big bang.

1. « The expanding Universe », article non publié destiné à l'*Encyclopédia Catholica of Japan*, cité dans *Einstein-Lemaître : rencontre d'idées*, p. 33.
2. *Ibid.*, p. 33-34.

III

VIVRE DANS L'UNIVERS

« Nous sommes une plante du ciel, non de la terre. »

Platon,
Timée.

C'est ainsi que le grand philosophe de l'Antiquité Platon, dans son dialogue consacré à l'astronomie *Timée*, parle des hommes, des terriens [1] ! Et le ciel, pour les Grecs du IVe siècle avant notre ère, c'est avant tout les planètes. Pourquoi une telle parenté avec des astres qui « errent » sur fond de voûte étoilée ? La réponse est à la fois politique et philosophique. La décadence de la civilisation du siècle de Périclès, les guerres incessantes et les régimes tyranniques conduisent les citoyens à renoncer une cité idéale où l'on pourrait vivre heureux. Les penseurs veulent alors préserver l'âme humaine de cette vie terrestre corrompue vouée à la mort et à l'oubli.

Ce sera la perfection des mouvements planétaires, démontrée dès cette époque par les astronomes, qui deviendra la véritable source de l'esprit humain. Ainsi déclaré « fils des planètes », l'homme acquiert une âme spirituelle harmonieuse, parfaite, immortelle et rationnelle. C'est des astres que nous venons, c'est dans les astres que nous retournerons après notre mort. L'annonce de cette parenté glorieuse va conduire l'humanité à lever les yeux vers un ciel devenu miroir et territoire à explorer pour mieux sonder notre nature intime. Dans cette introspection cosmique, la science astronomique va jouer le pre-

1. Platon, *Timée* (90 a-b), Paris, Garnier-Flammarion, 1969, p. 466.

mier rôle. Les bouleversements ne vont pas manquer mais le lien va rester, jusqu'à aujourd'hui, indéfectible.

C'est d'abord la vision géocentrique du système, fixé par Ptolémée au IIe siècle de notre ère, qui sera le guide pendant plus de 2000 ans. Au milieu du XVIe siècle, Copernic élabore un système héliocentrique tout aussi parfait et rationnel. La Terre devient ainsi un astre banal tournant en compagnie des autres planètes autour du Soleil. Galilée, au début du XVIIe siècle, va conduire la révolution à son terme en observant les montagnes de la Lune, les phases de Vénus ou les satellites de Jupiter. Depuis, les découvertes se sont s'accumulées : Neptune, Uranus, Pluton, les innombrables satellites, la ceinture d'astéroïdes, la ceinture du Kuiper… La parenté révélée par Platon est devenue une certitude. Nous sommes les enfants d'une planète, la Terre, et c'est en découvrant les autres que nous nous dévoilons nous-mêmes !

Aujourd'hui, l'exploration est devenue directe. Nous sommes allés sur la Lune, nous irons bientôt sur Mars. Nous avons visité par sondes interposées presque tous les recoins du système solaire : planètes glacées, brûlées, volcaniques, océaniques, gazeuses, géantes, doubles, isolées, accompagnées, en morceaux… En attendant des havres de vie ! À chaque escale nous avons été surpris, émerveillés, mais nous nous sommes sentis chez nous, comme si nous allions en visite chez un parent éloigné. Mais que reste-t-il de la perfection promise par Platon ? Faut-il renoncer à notre harmonie spirituelle ? Il semble bien que le miroir soit devenu une quête : la perfection est plus dans la volonté de poursuivre l'exploration que dans la contemplation immobile.

Or, aujourd'hui, cette aventure a percé la voûte étoilée. Nous avons observé les astres de plus en plus lointains. Nous avons compris qu'ils étaient eux aussi soumis aux multiples changements. L'Univers est devenu un objet de science parce qu'il a une histoire et que la cosmologie moderne a réussi à la raconter avec un luxe hallucinant de détails. Ainsi la « plante du ciel » est aussi une « poussière d'étoile ». Mais notre Univers moderne n'est plus le cosmos ancien. Les images ont bouleversé nos cœurs, les récits ont transformé notre imaginaire et les nouveaux concepts scientifiques ont bousculé nos certitudes métaphysiques. Il semble donc nécessaire aujourd'hui (comme hier et sans doute demain) de penser l'Univers à partir de lui-même.

C'est le philosophe des sciences Jacques Merleau-Ponty qui a le mieux exprimé cette nouvelle nécessité en affirmant que la cosmologie relativiste inaugurée au début du XXe siècle est une « nouvelle aventure de la Raison »[1]. Car cette nouvelle science n'est pas dans la stricte *continuité* de la science physique, astronomique, voire mathématique qui la précédait. Ainsi, Jacques Merleau-Ponty a cherché à montrer tout au long de son œuvre qu'il y a bien une nouvelle relation de « nécessité » entre la philosophie et la cosmologie scientifique contemporaine, c'est-à-dire relativiste. Il s'agit donc bien de penser *à nouveau* philosophiquement les connaissances scientifiques.

Or, la science astronomique du XXe siècle a totalement bouleversé nos habitudes de pensée et les savoirs anciens. L'espace et le temps, ces deux piliers de toute métaphysique antérieure, ont par exemple perdu leur caractère absolu : l'espace fait des « vagues » et produit des « illusions » ; tandis que le temps est « relatif » et conduit à des « paradoxes » impliquant le passé et le futur. De la même façon, notre histoire terrestre n'est plus aussi coupée du ciel que l'on a bien voulu le croire. Certains phénomènes cataclysmiques ont infléchi le cours de notre évolution et peut-être même inauguré certains des événements les plus importants de notre histoire. Il n'est pas indifférent de savoir que nous partageons peut-être l'histoire à la fois réglée et chaotique du cosmos.

Pour toutes ces raisons, penser le cosmos dans lequel nous vivons est devenu une nécessité bien difficile d'ailleurs du fait de la complexité des sciences actuelles. Cette pensée, cette nouvelle *vérité* suffira-t-elle à réenchanter le Monde ? Ou bien cette *connaissance* ne peut plus nous servir qu'à « désespérer », comme il est dit dans le *Dom Juan* de Molière[2] ? Avant de lister les nouveaux concepts à l'œuvre dans cette nouvelle connaissance et tenter de conclure chacun à notre façon, il

1. Jacques Merleau-Ponty, *Cosmologie du XXe siècle*, p. 8.
2. Molière, *Dom Juan*, Acte I, scène III.

faut revenir à la question première : peut-on penser l'Univers dans lequel nous vivons aujourd'hui ?

1. Peut-on penser l'Univers ?

Le 4 février 1917, après plusieurs mois de travail acharné et solitaire, Albert Einstein écrit à son ami Paul Ehrenfest une lettre à la fois mystérieuse et pathétique : « J'ai commis quant à la gravitation quelque chose qui m'expose au danger d'être enfermé dans un asile d'aliénés. » [1] Il faut dire que celui qui est déjà le plus grand savant de son époque vient de faire l'impensable, l'impossible, l'interdit ; mettre l'Univers dans une bouteille ou pour être plus précis dans une *équation.* Acte inouï qui montre le génie de l'homme, son courage et pour certains aussi son inconscience ou sa folie des grandeurs ! Car enfin qui pouvait croire à l'époque – et même aujourd'hui ! – que l'Univers dans son ensemble peut être décrit comme un *vulgaire* objet de physicien, dans une seule formule mathématique ? Pourtant, non seulement Einstein l'a fait mais il a effectivement donné naissance, cette année-là, à une nouvelle discipline la « cosmologie scientifique ». L'Univers ne serait plus jamais le même puisqu'il se verra peu à peu engoncé dans la notoriété grandissante de la théorie du big bang. Des habits ne faisant pas le moine selon certains qui contestent la véracité d'un tel scénario et même la possibilité d'une telle « science du Tout ». Comment peut-on encore, après un siècle de cosmologie triomphante, plusieurs prix Nobel, des découvertes innombrables et des milliers de chercheurs à l'œuvre, douter encore de la légitimité de cette discipline ?

C'est qu'il y a un problème de base, un « péché originel » à parler du cosmos comme d'un « objet de science », au début du XXe siècle comme aujourd'hui. Le piège est niché dans le terme même de cosmo-

1. Albert Einstein, *Œuvres choisies*, tome 3, *Relativité II*, Parsi, Seuil « Sources du savoir », 1993, p. 91.

logie, plus précisément dans le mot de « cosmos ». En effet, le terme de cosmologie est construit sur la racine grecque de *« cosmos »* qui renvoie principalement à l'idée d'« ordre », c'est-à-dire à ce qui constitue un *Monde*. Ainsi, chaque Monde a ses règles, ses lois, son harmonie interne, son unicité propre qui permettent de l'identifier, de le comprendre et de le connaître. Le cosmos grec est donc un « Tout » parce qu'il est un « Monde ordonné ». Premier piège : dire cosmos et penser ordre c'est une seule et même chose. Or, la cosmologie scientifique qui est la « recherche » de l'ordre du Tout, le « présuppose » en utilisant le mot même de cosmos ! Il y aurait donc un « cercle vicieux » qui fait « découvrir » dans la nature ce qu'on y « met » par le langage. D'ailleurs, en poussant le raisonnement jusqu'au bout, si le cosmos (au sens de Monde ordonné) n'existait pas réellement la cosmologie ne pourrait pas le savoir puisque, par définition, elle l'impose à la science !

Mais s'il suffisait de dénoncer un abus de langage l'affaire aurait été réglée depuis longtemps... Or le piège est beaucoup plus pernicieux qu'il ne semble. Car la cosmologie contemporaine ne parle pas, ou rarement, de Monde mais bien plutôt d'Univers. Cette dernière utilisation semble donc éviter le cercle alors qu'elle ne fait que le déplacer en le masquant. En effet, au sens étymologique, l'Univers est l'« unicité du divers ». Donc il s'agit de penser quelque chose qui regroupe tout ce qui existe, absolument tout, sans qu'il puisse exister de dehors, d'exclu. Ce qui est essentiellement présupposé sous le terme d'Univers c'est donc l'« unicité » et non pas l'« unité » (privilège du mot Monde). Autrement dit, l'Univers c'est l'idée de ce qui englobe tout sans que l'on sache si cette « unicité » de définition constitue une « unité » c'est-à-dire un ordre (privilège, encore, du seul Monde). Le cosmos moderne est donc un « Tout » parce qu'il est un « Univers unique ». Le piège s'éclaire : il n'est pas légitime de passer d'un « Univers » à un « Monde » parce qu'il n'est pas légitime d'identifier ce qui est « unique » à ce qui est « unifié », c'est-à-dire « ordonné ». Or, c'est précisément ce qu'a fait Einstein en 1917 ! A-t-il ainsi effectué un des plus gros coups de force de l'histoire des sciences qui l'a entraîné dans la « folie » et l'humanité avec lui ? Ou bien, était-ce un coup de génie qui a libéré la pensée d'un faux problème et permis à l'humanité de connaître son origine absolue ?

Dans tous les cas, ce piège sémantique aurait conduit Einstein, et tous les cosmologistes depuis un siècle, à confondre philosophie et science dans une sorte de retour en arrière vers les origines de la réflexion rationnelle sur le monde qui nous entoure. En effet, les premiers penseurs à utiliser un « discours rationnel » sur la nature sont les philosophes apparus au Ve siècle avant notre ère. Il s'agissait alors de décrire la nature autrement qu'en termes mythologiques. Pour cette raison, les premiers d'entre eux comme Thalès de Milet (610-546 av. J.-C.), Héraclite d'Éphèse (541-501 av. J.-C.) ou Pythagore de Samos (580-490 av. J.-C.), ont été appelés des « physiciens ». En quoi consistait cette nouvelle manière de voir ? On pourrait la résumer dans l'utilisation d'un « unique principe » pour ordonner et donc pour comprendre le tout de la nature (respectivement l'« eau », le « feu » et les « nombres »). Cette *ultra-rationalisation* de la pensée et de la connaissance n'était pourtant encore qu'une « métaphysique ». En effet, les philosophes ont « spéculé » sur le cosmos c'est-à-dire proposé des interprétations possibles et différentes mais n'ont pas « prouvé » ce qu'ils affirmaient, comme le précise Marcel Conche [1]. C'est à partir du moment où l'on prouve ce qu'on dit, en réduisant les différences des interprétations à l'unité de la vérité (tout le monde est obligé de tomber d'accord), que l'on est dans la « science ».

Reste à savoir si, malgré leur rationalité commune, la science peut se substituer à la métaphysique et remplacer les interprétations subjectives multiples par des connaissances objectives qui s'imposent à tous. L'histoire a répondu positivement par l'intermédiaire des « nouveaux physiciens », ceux qui, à partir du XVIe siècle, ont fondé la science moderne. Les deux principaux responsables de cette « révolution » sont Copernic et Galilée. Le premier a affirmé que toutes les hypothèses explicatives du système planétaire ne se valaient pas, la plus « simple », « économique », « facile à utiliser» était celle où le Soleil

1. Voir la préface qu'il a faite de mon ouvrage *Du cosmos au big bang*, Paris, PUF, 2006, p. VII.

se trouve au centre, soit l'héliocentrisme. Le second, Galilée, reprend, un demi-siècle plus tard, le flambeau de cette « découverte » pour affirmer que la Terre, ainsi placée dans le ciel, est devenue un astre « comme les autres » qui doit s'expliquer « par lui-même » comme le reste des phénomènes de la nature.

Le changement est profond et fera apparaître une des notions centrales de la science moderne, celle de « lois de la nature ». Le questionnement humain est totalement bouleversé : il ne s'agit plus de savoir « pourquoi » les choses sont comme elles sont (question métaphysique) mais « comment » elles s'expliquent (question scientifique). Ainsi la ronde des planètes autour du Soleil respecte les lois de la mécanique céleste, la suspension dans l'espace des astres s'explique par les lois de la gravitation, et le fait de ne pas sentir le mouvement terrestre par les lois des mouvements relatifs. Le gain, du point de vue des connaissances, est considérable : les phénomènes physiques s'expliquent par eux-mêmes, de manière interne, du fait des lois qu'ils respectent et non plus en fonction des principes métaphysiques (naturels ou divins) qui leur sont extérieurs et auxquels ils sont soumis. On aboutit ici à ce qu'on a appelé « l'autonomisation de la science ».

Dès lors, les « lois » remplacent les « principes » avec, au moins, deux gains fondamentaux. D'une part, une nouvelle définition de l'« universel » comme ce qui est, du fait des lois, respecté de la même façon partout dans l'Univers. D'autre part, un nouveau contenu à la notion de « vérité » par l'avènement de la notion d'« objectivité » comme ce qui s'impose à tous les esprits. Dès lors, les « spéculations subjectives » laissent la place aux « preuves objectives ». Les théories scientifiques, contrairement aux constructions métaphysiques, sont mises à l'épreuve des faits qui peuvent soit les conforter soit les invalider. Mais, paradoxalement, pour ce qui concerne spécifiquement la cosmologie, ce changement de perspective la conduira à une exclusion de domaine scientifique et un exil sur le seul territoire de la métaphysique ! En effet, la science maintenant s'intéresse au « proche », à ce qu'elle peut voir, toucher, expérimenter, objectiver. Or, il y a justement un objet par définition « lointain », impossible à manipuler, à répliquer, ou à extérioriser devant soi pour l'examiner objectivement : cet objet impossible de la science c'est l'Univers !

Ainsi, depuis Galilée et avant la « folie » d'Einstein, la cosmologie est strictement exclue de la science. Elle est même pour le philosophe Auguste Comte une activité scientifique « interdite », comme il le dit, en 1852, dans son *Catéchisme positiviste*. La cosmologie redevient alors une occupation métaphysique, voire religieuse, laissée à l'appréciation subjective de chacun. Or, Einstein, dans son article de 1917 « Considérations cosmologiques sur la théorie de la relativité générale », s'affranchit de l'interdit et réintroduit des « considérations » scientifiques dans le domaine réservé de la métaphysique. Acte « fou » ou libérateur ? L'interrogation est encore d'actualité car après un siècle de recherches acharnées, passionnantes et presque toujours déstabilisantes, des questions se posent toujours : « La cosmologie est-elle une science comme les autres ? » « L'Univers peut-il être vraiment connaissable ? »

La difficulté la plus importante pour répondre à ces questions est liée à la « position même du scientifique » par rapport à son objet, l'Univers. En effet, puisque nous sommes nécessairement « dedans », comment « en sortir » (même en pensée) pour en dire quelque chose d'objectif, d'extérieur, c'est-à-dire en définitive de scientifique ? Or si l'Univers résiste à devenir un objet de science « normal », il l'est pourtant devenu « à sa manière »… Plusieurs « faits » y ont contribué. Le premier a été la fuite généralisée des galaxies découverte dès les années 1920. En effet, pour expliquer ce phénomène local, scientifiquement établi, objectif, incontestable, il a fallu faire appel à une explication globale, générale, universelle ; l'expansion de l'espace. Ainsi, la « nécessité » d'une explication cosmologique (qui est valable dans tout l'Univers même si on ne peut la vérifier partout) est venue des faits scientifiques locaux eux-mêmes. Autrement dit, l'expansion de l'espace est une *théorie* scientifique cosmologique nécessaire pour expliquer un *fait* scientifique non cosmologique, la fuite généralisée des galaxies ! Ce qu'avait parfaitement compris le grand astronome américain découvreur proclamé de la fuite des galaxies, Edwin

Hubble, quand il disait : « L'observation entraîne toujours la théorie. »

De la même façon, la découverte, en 1965, du rayonnement à 3 K du fond du ciel ne peut être interprétée qu'en termes cosmologiques comme le vestige d'un état antérieur très chaud, très dense et surtout global, de l'Univers (phénomène dit de « corps noir »). Par ailleurs, les observations (réelles, répétées, vérifiées…) de répartition de matière dans l'Univers, quelle que soit la direction spatiale ou la tranche temporelle considérée (puisque plus on voit loin plus on remonte dans le temps du fait de la vitesse finie de la lumière) sont remarquablement « homogènes ». Cette homogénéité est nécessairement cosmologique puisqu'elle ne peut s'expliquer que si sa cause implique l'Univers dans sa totalité. Où l'on retrouve « naturellement » l'idée phare de la théorie du big bang et de l'origine commune de Tout… On pourrait citer encore bien d'autres faits qui ne s'expliquent que dans un cadre cosmologique (nucléosynthèse des éléments, âge des galaxies, noir de la nuit…), mais il reste encore à comprendre la nature de cette cosmologie « scientifique ».

Car on pourrait dire que la cosmologie contemporaine n'est scientifique que… jusqu'à un certain point. En effet, la nécessité cosmologique contenue dans certains faits n'est valable que, justement, pour les faits « observables ». Les considérations cosmologiques ne sont donc extrapolables que pour tout ce qui est ou sera « observable ». De la même façon, les lois de la nature découvertes par la science sont des « nécessités » internes de l'Univers observable. Elles ne peuvent donc pas prendre la place « métaphysique » de ce qui « de l'extérieur » gouverne, fait tenir, explique « pourquoi » les choses sont comme elles sont. Leur origine est aussi interne que les principes cosmologiques scientifiques puisqu'elles sont la face « abstraite », « formelle », des faits « concrets », « matériels ». De la même façon, tout ce qui est « par principe » au-delà de l'observable (Univers parallèles au nôtre, avant-big bang, Univers emboîtés mais sans communication, etc.) n'est pas à exclure de la réflexion… ni des connaissances à venir. Mais si un tel phénomène, par exemple ce qui a eu lieu avant le big bang, rentrait dans la science, cela voudrait dire qu'il serait inclus dans

« l'observable » laissant à l'extérieur une infinité de non-observable ou de non-encore observé. L'Univers sera donc toujours plus grand, par définition, que ce qu'on en peut observer, quels que soient les progrès de la science ! Ce qui laisse du coup les éventuels changements, corrections, surprises, « révolutions » scientifiques arriver sans que le cadre de compréhension rationnel et scientifique soit invalidé.

Cela veut-il dire que rien ne peut venir contredire la théorie du big bang, ni de nouveaux faits ni de nouvelles équations ? Faut-il la renvoyer dans la catégorie des théories non scientifiques parce qu'infalsifiables ? Cette dénonciation de modèles scientifiques ambitieux et pour certains invérifiables, comme la théorie de cordes, ne peut s'appliquer à la cosmologie relativiste de type big bang parce que justement elle est très sensible aux faits, aux découvertes même minimes. En effet, si un seul atome était plus vieux que l'âge de l'Univers c'est la théorie entière qu'il faudrait jeter sans hésiter. De même, si une galaxie allait à rebours de l'expansion de l'espace ou si un seul objet pouvait dépasser la vitesse de la lumière… Les occasions de falsifier la théorie du big bang sont donc infinies et sa force c'est justement que tous les efforts pour l'invalider expérimentalement sont restés vains !

Reste donc une question : que faire, aujourd'hui, de ce que l'on n'a pas encore observé ? Ici la métaphysique reprend tous ses droits… Il faut semble-t-il accepter un « dédoublement » de la cosmologie en scientifique *et* métaphysique. Le plus important alors étant de ne nier ni un aspect ni l'autre… ni la coexistence des deux. Il reste néanmoins à remarquer que le fondement rationnel des deux activités (science et métaphysique) impose que les certitudes de l'une ne viennent pas en contradiction flagrante avec les certitudes de l'autre. Un accord qui conduit à un enrichissement mutuel plutôt qu'à une supériorité de l'une sur l'autre. Le dialogue entre science et philosophie devient dès lors primordial et la seule chose absolument « nécessaire » pour regarder le ciel et le voir dans toutes ses dimensions actuelles. Un dialogue nécessaire et finalement inévitable car, comme le dit Jacques Merleau-Ponty : « Tout discours sur le cosmos est philosophique par quelque côté. »[1] Ainsi, d'un côté, tout peut changer dans le récit de l'Univers que nous construit la science. De l'autre côté, il y a des choses, des faits, des vérités que l'on ne connaîtra jamais. Mais dans tous les cas nous ne sommes pas livrés à l'arbitraire ! Le nouveau chemin des étoiles inauguré par Einstein est finalement une expérience de liberté que tout homme peut emprunter sans risquer de sombrer dans la « folie » ou l'abîme de l'infini.

Dans ce « nouveau chemin », ou cosmologie du big bang, plusieurs questions fondamentales méritent l'attention, notamment celles touchant aux notions de *temps* et *d'espace*. Car à chaque réponse à une question scientifique notre vision rationnelle de l'ensemble se modifie ainsi que nos choix philosophiques, c'est-à-dire métaphysiques. Or, depuis la révolution de la théorie de la relativité générale, ces deux notions ont perdu leur caractère absolu et ont même été fondues en un seul concept *l'espace-temps*. Les conséquences sont nombreuses : les plus importants sont les paradoxes temporels (peut-on voyager dans le temps ?) et les déformations spatiales (ce que nous observons n'est-ce qu'une illusion ?). Commençons par la question de l'illusion spatiale avant de développer le rêve temporel.

2. L'UNIVERS N'EST-IL QU'UNE ILLUSION ?

L'Univers est un véritable « Palais des mirages » : avant de parvenir jusqu'à nous, la lumière des astres lointains subit toutes sortes de déviations, de distorsions et de démultiplications parce que des corps célestes, visibles ou invisibles, déforment l'espace-temps. Les astrophysiciens commencent seulement à démêler le vrai du faux. Les conséquences risquent de changer des chapitres entiers de la physique et de la cosmologie. Car, pour comprendre et analyser les phénomènes variés et complexes des contrées les plus lointaines de notre Univers, les seules sources d'information sont les rayonnements électromagné-

1. *Cosmologie du XXe siècle*, p. 436.

tiques qui nous en parviennent, dont la lumière visible. Les astronomes ne peuvent donc, dans la plupart des cas, qu'analyser ces rayonnements. Pas question d'expérimentation directe (sauf pour nos voisines les planètes du système solaire).

Nulle surprise, donc, si, dans la quête des mystères de l'Univers, les astronomes aient souvent eu une vision *déformée*, engendrant une compréhension erronée. Le domaine de la lumière est, en effet, propice aux illusions d'optique. La magnifique image du ciel nocturne en est remplie ! Fallait-il pour autant se résigner à l'ignorance ? Les astronomes du XXe siècle ne l'ont pas accepté. Leurs conclusions nous récompensent : l'Univers est bien peuplé d'illusions. Leurs prédécesseurs étaient donc comparables à ces voyageurs qu'égaraient les mirages. Or, ceux-ci sont progressivement déjoués et les spécialistes savent désormais les déchiffrer. Mieux encore, ces mirages enrichissent notre connaissance du cosmos et deviennent pour cela un objet d'étude privilégié. De leur étude systématique est même née une nouvelle branche de l'astronomie, qui pourrait répondre aux questions les plus fondamentales sur le passé, le présent et l'avenir de l'Univers !

Ce progrès ramène à l'une des plus grandes révolutions théoriques de notre siècle, celle de la relativité générale. Elle s'opère lorsque, rompant avec la conception traditionnelle du photon « grain de lumière », Einstein avance que « la lumière est déviée par la matière », tout comme une pierre qui dévale une colline suit les irrégularités de la pente. L'idée est foncièrement *relativiste*, établissant une *relation* entre le monde du rayonnement et le monde de la matière. Dès lors, rien dans la représentation de l'Univers n'est ni absolu ni indépendant : l'espace devra tenir compte du temps (et réciproquement), et la lumière compter avec la matière. Ainsi, la force que la matière exerce sur la matière, à grande échelle, c'est-à-dire la gravitation, s'exerce aussi sur la lumière et cause des déformations, des amplifications et même des multiplications d'images. Cette notion n'est pas vraiment neuve, car, au début du XVIIIe siècle, Newton, qui considère déjà que la lumière est formée de photons, suggère que ces derniers pourraient être déviés au voisinage d'un corps très massif, du fait de l'attraction gravitationnelle.

Mais le XIXe siècle oublie cette géniale intuition. En effet, la conception ondulatoire de la lumière, qui prédomine, ne laisse aucune place à une interaction entre la lumière et la matière. Toutefois, certains astronomes refont des calculs sur les bases de la mécanique newtonienne et postulent que la trajectoire d'un photon frôlant le Soleil serait déviée de 0,87 seconde d'arc. Hélas, pour le vérifier, il faut un équipement optique d'une précision telle qu'il puisse mesurer le diamètre apparent d'une bille à quatre kilomètres de distance ! À l'époque, cet équipement n'existe pas. On oublie de nouveau Newton. C'est Einstein qui remet à l'honneur les intuitions du savant anglais : il avance, lui, que la déviation d'un photon frôlant le Soleil a une valeur double de celle de Newton : 1,75 seconde d'arc. Ce calcul restera cependant théorique jusqu'à l'observation par l'astronome anglais Eddington, qui, lors de l'éclipse du Soleil de 1919, mesura la déviation exacte du rayon lumineux d'une étoile proche du bord du Soleil.

L'estimation d'Einstein était exacte. C'était la première vérification formelle de la relativité générale. Bien des physiciens en furent marris. Une nouvelle optique était née, l'optique gravitationnelle enrichissant l'optique classique, qui s'intéresse, elle, aux déviations de la lumière provoquée par une lentille (réfraction) ou un miroir (réflexion). Fort de son expérience, Eddington suggéra dès lors que, si le Soleil avait eu un diamètre apparent inférieur à 1,75 seconde d'arc, l'image d'une étoile située derrière lui nous serait apparue *double*. Cela impliquait l'existence de toutes sortes de déviations, de déformations et de démultiplications d'images de corps célestes. Il fallait donc scruter le ciel à leur recherche.

Pourtant, si la théorie semblait solide, les chances d'observer un jour de tels mirages entre deux étoiles de la galaxie étaient très faibles, presque nulles de l'avis même d'Einstein. En effet, les conditions de tels phénomènes sont très restreintes : les deux étoiles doivent s'aligner sur la ligne de visée de façon presque parfaite (dans le plus pur des cas, l'image devient un cercle parfait entourant l'objet intermédiaire).

Et même si une telle possibilité existait, les deux images seraient si peu différenciées que leur distinction serait impossible avec les instruments de l'époque. Cette difficulté technologique n'empêcha pas la théorie des mirages de se développer et Einstein calcula (pour le plaisir !) que le rayonnement de l'étoile située derrière est d'autant plus amplifié qu'elle se trouve loin de l'étoile intermédiaire. C'est pourquoi les mirages gravitationnels sont rebaptisés « lentilles gravitationnelles » car celles-ci peuvent non seulement *déformer* mais encore *amplifier* les images.

Dans cette recherche de nouvelles preuves, notre Voie lactée, en dépit de ses quelque 200 milliards d'étoiles, parut être un champ d'investigation trop réduit. Malgré l'extension de la représentation qu'on se faisait de l'Univers, grâce à la découverte par Hubble, en 1927, de milliards de galaxies identiques à la nôtre peuplant un espace infiniment grand, les probabilités de trouver deux galaxies parfaitement alignées restaient très minces. On remisa donc, en ce début du XXe siècle, la recherche des mirages au placard *provisoire* des idées théoriques. Et il fallut attendre la découverte, dans les années 1960, des quasars (objets compacts et très lumineux, disséminés aux confins de l'Univers) pour relancer la course aux *illusions*. En effet, plus un objet est lointain, plus la probabilité pour que sa lumière rencontre une masse de matière sur notre ligne de visée est grande.

De fait, le premier mirage céleste n'a été observé qu'en mars 1979 ! Et encore, par le plus grand des hasards ! En effet, en cartographiant le ciel, trois astronomes attentifs, Walsh, Carswell et Weymann, trouvèrent deux quasars (galaxies primitives, éloignées et lumineuses) très proches (séparés d'environ 6 secondes d'arc) qui présentaient la même luminosité et, plus étrange encore, le même spectre électromagnétique. L'énigme n'avait que deux explications possibles : ou bien c'était un « quasar double », composé de deux objets célestes biens réels et bien distincts, ou bien on venait enfin de mettre la main sur un mirage gravitationnel. Cette dernière version fut vérifiée fin 1979, quand on identifia l'objet déflecteur, la lentille, qui n'était autre qu'une galaxie peu brillante. Depuis cette date, les découvertes de mirages vont se succéder au rythme de un ou deux par an. On en connaît actuellement de nombreux exemples et leur étude est devenue précieuse pour toute l'astronomie, notamment la cosmologie.

L'un des plus grands intérêts de l'effet de lentille gravitationnelle est sans aucun doute son caractère purement aléatoire. Une caractéristique précieuse, car, en astronomie, les observations, surtout les premières, portent souvent sur des objets particuliers qui se distinguent par une plus grande brillance, c'est-à-dire une nature exceptionnelle. Or, il est toujours dangereux d'élaborer des théories à partir d'un échantillon non représentatif. Avec les mirages gravitationnels, ce risque est presque nul, puisque l'alignement sur notre ligne de visée est uniquement le fait du hasard et n'a aucun lien physique avec l'objet d'arrière ou d'avant-plan. Pour user d'une comparaison, les mirages opèrent comme un institut de sondage au-dessus de tout soupçon, qui nous offre une vision inédite, donc précieuse, de l'Univers.

Une des plus importantes découvertes a été faite en 1986 : celle d'une gigantesque structure bleue en forme d'arc de cercle s'étirant majestueusement au milieu d'un essaim de galaxies. La première surprise fut sa taille, de 10 à 20 fois plus grande que les galaxies avoisinantes. Du jamais vu de mémoire d'astronome ! Le problème de l'interprétation de cette étrange forme cosmique a donné lieu à une belle empoignade théorique. Ainsi, pour certains, l'arc pouvait s'expliquer par des jets de matière se produisant dans le cœur de l'amas, très riche en galaxies et très énergétique. Restait le problème de la forme courbe des jets et de leur très forte luminosité. Pour d'autres théoriciens inventifs, ces structures étaient des « coquilles » de galaxies. Une idée ingénieuse que l'on peut illustrer en comparant la dynamique des vagues de l'océan à la vibration des galaxies. En effet, si l'on observe les vagues de la mer, on constate que les éventuels détritus qui se trouvent à sa surface ont tendance à se concentrer le long d'une certaine ligne. Cette tendance, bien connue des théoriciens des phénomènes ondulatoires, fut appliquée aux vibrations des galaxies. L'entourage des galaxies devenait ainsi un fantastique océan parcouru par des vagues qui concentraient la matière environnante en une ligne que l'on observait sous la forme d'un arc.

Ces deux hypothèses situaient le phénomène à l'intérieur de l'amas. Une troisième en prit le contre-pied : le grand arc était un mirage gravitationnel. Les astronomes ont ainsi pensé qu'une source étendue pouvait, après déflexion, apparaître déformée dans une direction privilégiée et aplatie dans la direction opposée. En effet, la galaxie d'arrière-plan prend la forme d'une *crêpe* en arc de cercle, aplatie en son centre et très étirée sur ses extrémités. Par ailleurs, l'aspect incomplet du cercle s'expliquait parfaitement par l'asymétrie du groupe de galaxies déflecteur. Quelques mois plus tard, une équipe d'astronomes du télescope franco-canadien d'Hawaï, montre que l'arc se trouve en réalité deux fois plus loin que l'amas dans lequel on l'aperçoit. La conclusion est nettement en faveur de l'effet mirage.

Depuis lors, le catalogue des mirages s'est considérablement épaissi. On peut les classer en quatre catégories. La première comprend les mirages de quasars, qui produisent, suivant l'alignement, des images doubles, triples ou quadruples. La deuxième catégorie concerne des radiogalaxies, objets extrêmement éloignés, ce qui les rend très difficiles à observer en lumière visible. Mais, dans plusieurs cas, la distance entre deux radiogalaxies alignées avec la Terre est suffisante pour que la galaxie la plus proche nous donne de la plus lointaine un mirage d'une taille et d'un éclat suffisamment amplifiés pour être détectables. La troisième catégorie est la plus spectaculaire : il s'agit des arcs lumineux. Ils apparaissent comme de gigantesques filaments lumineux dus à l'alignement de galaxies tout à fait normales. La dernière catégorie recense les cas de mirages observés en ondes radio. Ils mettent en jeu une source radio déformée par une galaxie silencieuse qui, elle, n'émet pas en radio. On a pu dans ces conditions observer des mirages en forme d'anneau complet.

Dans quelle mesure une poignée de phénomènes aussi bizarres peut-elle révolutionner nos connaissances établies ? Les informations qu'ils fournissent sont particulièrement précieuses dans deux domaines qui sont aussi des « énigmes » de l'Univers. D'abord, concernant la masse cachée de l'Univers (environ 90 % de la masse totale !) qui pourrait être précisée grâce aux mirages gravitationnels. Le second grand domaine d'application des mirages gravitationnels est l'origine même de l'Univers. C'est en effet, à l'autre bout de l'échelle de temps, que les mirages nous apportent quelque *lumière*. Car les mirages gravitationnels, par leur capacité d'amplifier l'intensité lumineuse, sont de véritables télescopes gravitationnels qui nous font aller aux limites de l'espace et donc nous permettent de remonter le temps. Ainsi, la mesure de la distance des galaxies les plus lointaines, observées grâce aux effets gravitationnels, pourra déterminer à quel moment de l'évolution cosmique elles se sont formées.

Pour toutes ces raisons, la science des mirages gravitationnels est devenue une branche privilégiée de l'astronomie. Elle nous renseigne à la fois sur les caractéristiques spatiales et temporelles de notre Univers. Elle confirme notamment que la toile de fond du cosmos, sa structure spatiale, n'est pas « absolue », c'est-à-dire indépendante de son contenu. Notre histoire est commune. Reste l'autre grand problème, celui de la nature du temps. Est-il lui aussi « relatif » ? Quelle est la relation que nous entretenons avec lui ? Pour répondre à ces questions, il faut s'interroger, avec nos nouvelles connaissances, sur la possibilité du voyage dans le temps.

3. Le voyage dans le temps est-il possible ?

Il y a les principes de la physique et ceux du bon sens. Les premiers, élaborés peu à peu au cours des siècles, sont des socles sur lesquels reposent tous les développements scientifiques, théoriques ou interprétatifs. Ils sont donc, jusqu'à preuve du contraire, indiscutables. Les seconds sont les repères de notre pensée qui permettent d'aiguillonner notre réflexion pour éviter qu'elle ne sombre dans des impasses logiques ou s'enferme dans des positions paradoxales. Souvent, la science a mis à mal notre bon sens du moment mais c'était pour en montrer les faiblesses ou en souligner les illusions, et, sans délais, le rétablir sur de nouvelles bases. Mais que se passe-t-il quand certains des principes les mieux établis du bon sens interdisent avec véhémence ce que la science la plus moderne semble promettre ? Un des conflits le plus vif : le retour dans le passé.

Tous ceux qui, de près ou de loin, s'intéressent à la science-fiction connaissent la déconcertante histoire connue sous le nom de *paradoxe des grands-parents*. Le scénario classique est le suivant : par un *chemin* encore mystérieux, un homme revient dans le passé, avant sa naissance, et se retrouve en face de celui qui va devenir son grand-père. Que se passe-t-il si ce voyageur *inconscient* assassine son aïeul ? Il rend impossible sa naissance *à venir* et donc l'acte même qu'il vient d'accomplir... Un cercle logique que personne, jusqu'à aujourd'hui, n'a pu logiquement démêler ! Or, la science contemporaine persiste à suggérer que le retour dans le temps est possible. Si certains chercheurs continuent à développer des hypothèses sur sa possibilité théorique, d'autres tentent d'imaginer une expérience en grandeur réelle...

Avant de décrire le mécanisme, désignons les véritables parties du *conflit* en présence. Le principe de bon sens n'est autre que la loi de la causalité selon laquelle la cause précède nécessairement l'effet. Les théories scientifiques ne sont autres que la relativité générale et la physique quantique. Essayons de voir comment ces dernières, en la possibilité ouverte de voyages dans le passé, remettent en cause la loi de causalité. En commençant par la théorie de la relativité. Sa formulation restreinte, énoncée en 1905 par Einstein, posait comme constante absolue et indépassable, la vitesse de la lumière (300 000 km/s). Dans ce cadre théorique, aucun *objet*, ni aucune *information* ne peut se propager à une vitesse supérieure. Cette vision *linéaire* de l'enchaînement des événements revient à dire que la cause précède nécessairement l'effet. Le cas contraire reviendrait à franchir la barrière des 300 000 km/s (l'effet se déplaçant à vitesse supérieure à la lumière pourrait se *produire* avant sa cause). « Avec le principe d'une vitesse limite absolue, le respect de la causalité est implicite : il est en quelque sorte inscrit dans la structure même de la théorie », selon le cosmologiste Jean-Pierre Luminet [1].

1. Pour toutes ces questions, voir l'ouvrage de Jean-Pierre Luminet, *Les trous noirs*, Paris, Seuil « Points-sciences », rééd., 1992.

Les choses en vont tout autrement en théorie de la relativité générale. Ces nouveaux travaux d'Einstein, publiés en 1915, intègrent la composante de gravitation, exclue en 1905. Les implications sont énormes, et les paradoxes vont se multiplier. En effet, la prise en compte de la gravité a bouleversé la notion même d'espace. Ce dernier n'est plus un cadre extérieur, plat, absolu, où se situent les objets massifs. C'est au contraire un produit de la *présence* même de ces objets. La conséquence principale étant que l'espace se forme mais aussi se déforme en fonction de la densité des objets. Plus la masse est importante, plus la portion d'espace qui la *contient* est courbe. Comme la densité peut atteindre des valeurs infinies, la courbure de l'espace peut elle aussi tendre vers l'infini. L'espace peut alors se refermer sur lui-même, former des boucles comme une feuille de papier qu'on froisse à volonté, ou s'enrouler comme une bobine de fils.

Pour Jean-Pierre Luminet, « la loi de la causalité est dès lors exclue de la relativité générale : elle n'est plus un principe de la théorie même si elle reste un *souhait* de physicien ». En effet, si la vitesse de la lumière reste une valeur de propagation indépassable par le chemin *classique* (le plus court entre deux points de l'Univers), elle peut être *dépassée* si des régions courbes de l'espace viennent à entrer en contact, et à ouvrir un nouveau passage. Une comparaison s'impose. Imaginons que la présence de matière courbe localement l'espace (trois dimensions) à la manière d'une feuille de papier (deux dimensions) repliée sur elle-même. Le chemin classique, celui où la vitesse de la lumière est indépassable, fait le tour de la feuille. Par contre, un éventuel passage entre les deux parties repliées de la feuille serait plus *court* que le chemin classique. C'est-à-dire aussi (si l'on considère le rapport distance/temps de voyage) un trajet plus rapide que celui effectué à la vitesse de la lumière.

Comment concevoir, dans notre espace à trois dimensions, un tel passage ? En reprenant les équations d'Einstein, le physicien Karl Schwarzschild, dès 1916, démontre qu'une étoile massive déforme l'espace de manière si importante qu'elle crée une sorte de puits à la manière d'une boule de billard au milieu d'une surface élastique. Si la masse est suffisante, la courbure devient infinie, l'Univers à ce point précis se retourne sur lui au point d'ouvrir une brèche vers un *autre* Univers. La symétrie de ce phénomène suppose que la nouvelle ouverture soit l'exacte opposée de celle du trou noir (un *trou blanc* d'où la lumière ne pourrait *que* sortir). Il suffit maintenant de considérer (ce que permet la relativité) que les deux Univers soient en fait le même (comme les deux parties repliées d'une même feuille) pour que les voyages instantanés dans l'espace soient possibles.

Un tel phénomène a été baptisé *trou de ver*, par le physicien américain John Wheeler, en comparaison avec l'animal qui creuse des tunnels sous la terre au lieu de se déplacer à sa surface. Mais si l'on peut, sans bousculer notre bon sens, adhérer à l'idée de changer instantanément de lieu en passant du trou noir au trou blanc, celle qui suppose le retour dans le temps demeure inacceptable. Elle est pourtant, dans le même cas de figure, tout aussi présente. Pour comprendre l'enjeu du problème, il faut revenir sur une des conséquences majeures des équations d'Einstein : la relativité du temps. En effet, de la même façon que l'espace n'est pas un cadre absolu qui contient les objets sans en être affecté, avec les équations de la relativité restreinte, le temps perd son caractère absolu, c'est-à-dire celui de *ligne uniforme* sur laquelle s'inscrivent tous les événements de l'Univers. En fait, il n'y a plus au sens strict de temps universel mais des temps propres, relatifs, fonction des conditions physiques locales. La conséquence qui nous intéresse ici a été longuement développée dans ce qu'on désigne sous le nom de « paradoxe de Langevin ».

Ce dernier nous fait prendre conscience que le temps passe *moins vite* pour un objet qui voyage (1er jumeau) que pour un objet qui reste fixe (2nd jumeau), si les deux venaient à se rencontrer de nouveau après la séparation du voyage. Dans le cas du paradoxe des jumeaux de Langevin, celui qui se déplace vieillit moins vite et donc voyage dans le futur (à son arrivée, son frère est plus vieux). Comment faire pour que ce trajet vers le futur devienne un voyage vers le passé ? Il faut laisser les jumeaux et revenir à nos trous de ver. Imaginons que la première extrémité du trou se trouve sur Terre et la seconde sur la Lune (peuplée d'une colonie de terriens). Tant que notre satellite reste fidèlement en rotation autour de la Terre, il est juste possible de passer instantanément de l'un à l'autre. Mais si la Lune venait à quitter le système solaire et s'en éloigner à des vitesses proches de la lumière, le trou de ver deviendrait aussi une machine à remonter le temps. En effet, en se déplaçant, le temps sur la Lune passerait moins vite que sur Terre. Les horloges internes des deux extrémités du trou seraient donc décalées.

Que se passerait-il si, après plusieurs années de dérive lunaire, un occupant de la Lune empruntait le trou de ver pour revenir instantanément sur Terre ? Malgré le fait que les deux extrémités du trou de ver n'ont plus le même âge, quand on utilise une des extrémités on débouche à l'autre dans le temps marqué par la première extrémité ! Dans notre exemple, le voyageur lunaire *jeune* va sortir à l'autre extrémité à l'époque indiquée par son horloge de départ, et non celle de la Terre. Autrement dit, puisque le temps a passé moins vite pour lui, il revient dans le passé de la Terre ! S'il n'a pas froid aux yeux, il peut même utiliser un vaisseau ultra rapide pour rejoindre la Lune d'où il est venu. Avec un vaisseau assez rapide, il se retrouvera donc (du fait du retour dans le temps qu'il a effectué en passant par le trou de ver) sur sa Lune de départ... mais avant son départ. La boucle est bouclée : il pourra se rencontrer lui-même !

Ce scénario n'est pas le seul à avoir été imaginé par les astrophysiciens. Le dernier en date requiert une paire de *cordes cosmiques*. Ces objets théoriques et exotiques sont des sortes de lignes énergétiques d'une longueur infinie créées au moment du big bang et parcourant l'espace à des vitesses proches de celles de la lumière. Selon certains calculs, si deux de ces cordes venaient à se croiser violemment, elles provoqueraient une sorte de *nœud géométrique*. En simplifiant à l'extrême, sous l'effet du choc, l'espace serait courbé au point que les deux extrémités d'une même corde finiraient par se joindre, formant une boucle spatio-temporelle. L'avant et l'après présents en un même point, il deviendrait possible d'aller vers le futur ou de revenir vers le passé. Cette solution est très controversée (notamment la possibilité que de telles cordes voyagent à la vitesse de la lumière), mais l'hypothèse n'a pas été totalement écartée.

Dans tous les cas, le caractère paradoxal de tels retours continue à s'opposer à notre logique immédiate... La théorie le permet, le bon sens le refuse : que fait la réalité ? Pour la plupart des astrophysiciens, cette possibilité théorique est fondamentalement irréalisable. D'autres, notamment physiciens des particules, préfèrent conserver la possibilité réelle de voyager dans le passé au prix d'une redéfinition de la notion même de *réalité*. Ainsi, des théoriciens hardis ont décidé d'utiliser certaines interprétations de la mécanique quantique pour surmonter le problème logique. Pour ce faire, ils ont repris l'idée des *univers parallèles* pour contourner le paradoxe des grands-parents. Le raisonnement suppose qu'il n'y a plus une seule ligne de temps et une seule réalité mais une infinité d'histoires possibles et *réelles* qui toutes se déroulent simultanément et indépendamment les unes des autres. Ainsi, si un voyageur dans le temps assassine ses grands-parents, il « change de réalité » et d'histoire, évitant alors la situation paradoxale que constitue sa naissance impossible (dans sa nouvelle histoire elle n'est plus nécessaire).

Mais une telle interprétation est loin de satisfaire l'ensemble des scientifiques. Pour la plupart d'entre eux, le paradoxe doit être résolu (si cela est possible) en sauvegardant la notion d'unicité de la réalité. Dans ce contexte, le cas le plus *concret* reste celui du trou noir connecté à un trou blanc. Mais la théorie veut que pour qu'un tel passage spatio-temporel soit créé, la source de gravitation doive être « concentrée dans une singularité ponctuelle, entourée de vide, cachée derrière un horizon des événements et existant depuis toujours », précise Jean-Pierre Luminet. Conclusion : les passages spatio-temporels ne peuvent apparaître après de simples effondrements d'étoiles, même très massives : le seul cas qui réunirait toutes les conditions nécessaires est le point d'origine de l'Univers, juste avant (ou *pendant*) le big bang...

Faut-il pour autant abandonner tout espoir de réaliser le rêve des auteurs de science-fiction (et le cauchemar des physiciens) ? Le bon sens est-il un meilleur guide que les équations mathématiques ? La plupart des scientifiques répondent, dans ce cas tout au moins, par l'affirmative, mais tous ne désarment pas complètement. Il en reste pour imaginer même construire un jour, en laboratoire, la première

« machine à remonter le temps ». Car une dernière possibilité existe encore ! Elle nous renvoie vers l'infiniment petit là où règne le si énigmatique *vide quantique*. En effet, si l'on veut bien y regarder de près, ce vide est en fait un état d'équilibre fait d'une succession infinie d'états instables où la matière *positive* et la matière *négative* (à ne pas confondre avec l'anti-matière qui est positive bien que de signe opposé) émergent et s'annihilent instantanément.

Que se passe-t-il quand la matière négative est plus importante que la matière positive (un peu comme si on vidait un verre d'une quantité supérieure à l'eau qu'il contenait) ? Réponse : une « singularité de type trou de ver » se forme. Pour construire une machine à remonter le temps il faut donc deux conditions : d'une part que la quantité d'énergie négative soit suffisamment importante pour que le trou ne se referme pas trop rapidement ; d'autre part qu'on puisse faire grossir ce trou microscopique à des dimensions macroscopiques. « Aucune de ces deux conditions n'est réaliste à l'heure actuelle, affirme Jean-Pierre Luminet, et rien ne nous dit qu'un homme normalement constitué puisse traverser sans dommages une région aussi exotique ». Les auteurs de science-fiction n'ont pas ces problèmes qui ont déjà abondamment utilisé et donné vie au scénario du retour dans le temps. La science leur laisse une brèche théorique qui ne manque pas d'ajouter un intérêt supplémentaire à leurs récits de fiction. En attendant que la réalité les rejoigne...

Ainsi, toute recherche et réflexion sur le ciel a aujourd'hui des implications sur notre compréhension du réel. L'espace et le temps n'étant plus absolus, il faut repenser notre histoire à la lumière des nouvelles « vérités ». Une autre question reste dans ce nouveau cadre en suspens : l'apparition de la vie, de l'homme et de la conscience. Sommes-nous des êtres exceptionnels, irréductibles à la succession des événements cosmiques ou sommes-nous des *enfants* du ciel ? Les réponses peuvent varier bien sûr, mais avec les connaissances que nous avons aujourd'hui des grands phénomènes célestes, la question se pose de nouveau sur les rapports entre l'homme et les étoiles. Sans certitude, des scénarios existent néanmoins, notamment avec les événements les plus catastrophiques du cosmos : les explosions d'étoiles ou *supernovae*.

4. L'HOMME EST-IL UN ACCIDENT COSMIQUE ?

Le jour en pleine nuit ! Alors que l'obscurité d'une nuit noire s'est installée depuis plusieurs heures déjà, une lumière crue venue du firmament étoilé baigne soudain la Terre. Ses habitants retiennent leur souffle : au milieu de la Voie lactée, là où quelques instants auparavant il n'y avait rien, vient de s'allumer une étoile dix fois plus brillante que la pleine Lune. Un phare qui fait de l'ombre à la végétation, aux animaux et... aux premiers hommes. C'était il y a environ 350 000 ans. À cette époque charnière, qui voit la disparition progressive d'*Homo erectus* et l'avènement irrésistible d'*Homo sapiens*, s'est donc produit l'un des plus extraordinaires phénomènes de la nature : l'explosion d'une supernova dans la proche banlieue de la Terre. Ce sont les astronomes qui ont peu à peu suggéré ce tout nouvel épisode de l'histoire du ciel, de notre planète et de nos ancêtres...

Sentiments mêlés donc chez nos lointains parents : sensation du beau, incompréhension du phénomène, frayeur du lendemain... Ils étaient loin de pouvoir imaginer que s'initiait une ère qui allait embraser le ciel, et peut-être bouleverser la planète. Que s'est-il passé exactement ? Les hypothèses ne manquent pas, les certitudes sont encore à venir. D'ores et déjà, des chercheurs ont calculé que le souffle de l'explosion de la supernova aurait pu détruire la très fine couche d'ozone ou provoquer des mutations génétiques chez tous les êtres vivants. Comment peut-on remonter ainsi dans le passé de la Terre ? En analysant quelques grains de lumière en provenance de la voûte étoilée. Mais pas n'importe lesquels ! Les plus énergétiques du spectre électromagnétique : les photons gamma, émis par les phénomènes les plus violents de l'Univers.

L'histoire commence en 1972. Le satellite américain *Sas 2* a pour mission de cartographier le ciel dans le domaine des rayons gamma.

Il repère trois sources ponctuelles qui, contrairement aux autres événements éphémères, émettent à intervalles réguliers. Deux d'entre elles sont rapidement identifiées : ce sont deux pulsars bien connus, l'un dans la constellation du Crabe, l'autre dans celle du Voile. Les pulsars sont de véritables *cadavres stellaires*, étoiles hyper-denses qui apparaissent après la cataclysmique explosion d'une étoile normale en supernova. Non loin de là, dans la constellation des Gémeaux, la troisième source ponctuelle de rayons gamma reste non identifiable avec un objet connu. Le rayonnement gamma de la source est pourtant d'une incroyable intensité : ses photons possèdent une énergie de 100 MeV (100 millions d'électronvolts, soit 20 millions de fois plus d'énergie que les photons de la lumière visible). Ce *dragon* gamma qui déverse avec tant de générosité son énergie dans l'Univers reste invisible.

Dès 1975, pourtant, un autre satellite, l'européen *Cos-B,* prend le relais de l'enquête scientifique. Il confirme l'existence des trois sources et délimite, pour celle qui se cache encore, une zone d'erreur de 1/2° dans le ciel. Une région comparable au diamètre de la Lune et qui, selon les calculs les plus optimistes, contient plusieurs milliers d'étoiles et de galaxies... La métaphore de l'aiguille dans la botte de foin est ici bien trop faible pour saisir la tâche des astrophysiciens. Heureusement, il ne sera pas nécessaire de mettre en examen tous ces coupables potentiels. En fait, les astronomes ont établi un portrait-robot idéal, un pulsar. Mais à quoi confronter ce portrait ? Contrairement aux cas des pulsars du Crabe et du Voile, aucune trace de cette troisième source sur les cartes du ciel, aucune contrepartie dans d'autres gammes de rayonnement (X, radio, lumière visible) sur laquelle s'appuyer. L'étoile manquante commence à intriguer fortement les astronomes. Inspirés, les astronomes italiens en profiteront pour la baptiser « Geminga », pour « source gamma dans les Gémeaux »..., ce qui signifie aussi, en patois milanais, « il n'y a rien, elle n'est pas là » (prononcer guéminga).

Les astrophysiciens réinterrogent donc le ciel à des longueurs d'onde autres que gamma, mais cette fois avec des moyens plus puissants. L'enquête s'oriente vers les rayons X. Le satellite américain

Einstein aura, en 1979, la lourde tâche de retrouver coûte que coûte Geminga. La chance lui sourit au-delà de toute espérance car il découvre une source X, la seule à se trouver dans la zone délimitée. Le piège se resserre. L'identification ne sera définitive, cependant, que lorsque les astronomes pourront effectivement la retrouver dans le domaine de la lumière visible. L'occasion se présente au début des années 1980, avec la mise au point des détecteurs astronomiques ultrasensibles. Jacques Paul, astrophysicien à Saclay, se souvient de cette époque-charnière pour l'astronomie et pour Geminga : « Par une nuit exceptionnellement belle, nous avons balayé la région suspectée et ramené dans notre épuisette trois points lumineux inconnus jusqu'alors. » L'un d'eux est-il Geminga ? Dans le doute ils les baptisent G, G', G''.

Une nouvelle observation, effectuée en 1987, confirme l'existence des trois candidats, et ajoute un indice supplémentaire : le petit point G'' a un spectre dans le visible qui tire vers le bleu, comme celui des pulsars... Pour acquérir une certitude sur la nature de l'objet, il fallait maintenant découvrir une éventuelle période de rotation de l'étoile. En effet, le cœur de toute supernova est un astre ultra-massif (une fois et demie notre Soleil comprimé dans une boule d'un rayon de 10 km !) qui tourne sur lui-même à une vitesse vertigineuse. Son rayonnement électromagnétique étant émis par un des pôles de l'étoile, il balaie l'espace à la manière d'un phare, et la lumière reçue sur Terre est intermittente (pulsante, d'où leur nom). L'analyse des données sur Geminga est poussée au maximum, et la découverte d'un cycle ne tarde pas. Le doute n'est plus permis : il s'agit bien d'un pulsar.

Les rayons X, notamment, suggèrent une périodicité de 237 millisecondes, c'est-à-dire un peu moins de quatre tours à la seconde. C'est ici que l'enquête devient vraiment intéressante et que le scénario-catastrophe d'il y a quelque 300 000 ans se met en place. En effet, si l'on connaît la période, il est possible de remonter à l'âge du pulsar, de dater l'explosion de la supernova qui lui a donné naissance. Le facteur temps est estimé grâce à la modélisation de ce qu'est la vie moyenne des pulsars. Celle-ci indique qu'à sa naissance, la nouvelle étoile tourne à environ 100 tours à la seconde. Elle voit ensuite sa période décroître progressivement. Le calcul est « simple » : si l'on connaît sa périodicité actuelle et sa variation dans le temps (due au ralentissement de sa rotation), il est possible de remonter dans le passé. Pour Geminga, l'estimation se stabilise rapidement autour du chiffre de 350 000 ans en arrière. Reste à connaître sa localisation de l'époque, c'est-à-dire sa distance à la Terre d'alors.

Cette donnée est beaucoup plus difficile à évaluer. Néanmoins, une estimation réaliste est possible. En effet, on sait que les photons gamma traversent la poussière interstellaire sans être perturbés. Comme on connaît par ailleurs la quantité de photons gamma qu'émet un pulsar standard, il est possible d'en déduire sa distance maximale. Elle a été fixée à quelque 500 années-lumière (Geminga est donc très proche, si l'on se souvient que le diamètre de notre Voie lactée est de 100 000 années-lumière). Une nouvelle observation s'impose aux astronomes : si, comme tout semble le montrer, cette toupie de l'espace n'est pas loin de nous, on doit pouvoir la voir se déplacer dans le ciel. Simple déduction : comme l'explosion d'une étoile n'est jamais parfaitement symétrique, la violence du phénomène envoie notre astre fendre l'Univers à grande vitesse. Une nouvelle image faite, au début des années 1990, par le télescope européen de La Silla, va confirmer cette hypothèse. La vitesse de fuite de Geminga est estimée à environ 300 km/s. Elle apparaît ainsi comme une banale étoile à neutrons, ou pulsar, dont la seule mais inestimable particularité est d'avoir explosé très près de la Terre.

D'abord purement cosmique, la recherche va donc s'orienter vers d'éventuelles conséquences terrestres. En février 1993, deux astronomes américains de la Nasa, Neil Gehrels et Wan Chen émettent, dans la revue *Nature*, l'hypothèse que Geminga serait responsable de la bulle de gaz chaud dans laquelle se trouve notre système solaire. Comme on conjecture, par ailleurs, que ces bulles sont créées par l'onde de choc des supernovae... Élaborant un scénario selon lequel Geminga a explosé à « seulement » 100 années-lumière de nous, les chercheurs ont évalué les dégâts imaginables sur notre planète. Il faut d'abord prendre conscience qu'une explosion d'étoile en supernova est le phénomène le plus cataclysmique du cosmos. En quelques instants, l'astre projette dans l'Univers autant d'énergie que pendant toute sa vie antérieure ! Sont alors libérés les rayonnements et les éléments atomiques les plus divers et les plus dangereux.

Le premier effet est visuel : la supernova illumine le ciel, car elle est plusieurs fois plus brillante que la Lune. Visible en plein jour malgré le Soleil, elle éclaire la nuit au point de perturber les rythmes biologiques et végétaux. Cette apparition belle et inquiétante dure plusieurs mois, avec une décroissance régulière mais relativement lente. Avec les photons lumineux, c'est tout le rayonnement électromagnétique qui s'abat indistinctement sur la Terre. On connaît les effets néfastes pour les organismes vivants des rayons ultraviolets envoyés par le Soleil ; ils seront pendant une grande période renforcés par ceux produits par la supernova. Cette première vague en provenance de Geminga est arrivée, à la vitesse de la lumière, une centaine d'années après l'événement réel. Pour les habitants de la Terre, le point lumineux cède peu à peu la place à un nuage de gaz composé des restes de l'étoile. Une draperie cosmique qui, durant des générations, s'est propagée dans le ciel à la manière de celle que l'on peut aujourd'hui admirer autour du pulsar du Crabe ou du Voile.

Toujours en expansion, en quelque dix mille ans, ce qui était un nuage minuscule a envahi lentement l'ensemble du ciel. Avant d'engloutir complètement la Terre. Ce moment a dû être inoubliable et inquiétant. Imaginez des aurores boréales d'une puissance décuplée balayant le ciel sans interruption pendant plusieurs mois ! Mais la beauté incomparable d'un tel spectacle ne saurait faire oublier les dangers qu'il recèle. En effet, cette seconde vague entraîne avec elle toutes les particules accélérées éjectées par l'étoile lors de son explosion, et notamment certains éléments radioactifs. Quelles ont pu être les conséquences d'une telle radiation ? On se trouve ici au royaume des spéculations les plus hasardeuses. Évoquons cependant quelques-unes d'entre elles, dont la plus stimulante est celle de mutations génétiques profondes. Ainsi, c'est de cette époque qu'on date l'apparition d'*Homo sapiens*, l'hominidé qui, comme son nom l'indique, est doué d'intelligence...

Une telle genèse cosmique des grands phénomènes de l'histoire de la Terre est incontestablement à la mode aujourd'hui. Qu'il s'agisse de l'apparition de la vie (nuages interstellaires ou comètes chargés de molécules prébiotiques), des grandes catastrophes biologiques (disparition des dinosaures) et maintenant de l'avènement de l'intelligence (voire de la conscience), l'histoire de la Terre, contrairement à une idée convenue d'isolement et d'indépendance, se charge d'événements cosmiques. Reste, pour justifier un minimum ces spéculations, à trouver la trace du passage éventuel de l'onde de choc de Geminga. Comme dans le cas de l'iridium laissé par la météorite tueuse des dinosaures, une trace significative pourrait être la présence dans notre sous-sol d'éléments comme le béryllium 10. Cet isotope a une demi-vie d'un million d'années. Vu que la Terre est vieille de 4,5 milliards d'années, il aurait depuis longtemps disparu s'il avait été contenu dès l'origine dans la croûte terrestre. Il peut donc provenir de l'espace, d'autant que l'on sait qu'il est fabriqué en grandes quantités par les supernovae.

Mais en attendant des résultats définitifs, des preuves incontestables, l'idée que nos relations avec le cosmos sont plus nombreuses et importantes s'installe peu à peu. Reste à évaluer, après un siècle de recherches astrophysiques et cosmologiques, toujours plus fructueuses et étonnantes, à répondre à la question : « Dans quel Univers nous vivons ? » En effet, notre connaissance du ciel est aujourd'hui une nouvelle base incontournable de notre réflexion (éthique, métaphysique ou autre). Pour analyser les idées principales, nous tenterons de lister les concepts les plus importants impliqués dans notre rapport contemporain à l'Univers. Après des siècles de *désenchantement* attribué au développement de la science moderne, est-il temps de *réenchanter* l'Univers ?

5. Réenchanter l'Univers

À l'origine, le ciel étoilé allait de soi. Toutes les civilisations ont élaboré des cosmologies avec des origines, des histoires, des personnages, des fins, une place pour les Dieux, une place pour les hommes… Autrement dit, toutes les cultures ont « naturellement » donné du sens aux mystères de la nuit, « enchanté » la voûte céleste. En quoi consistait cet « enchantement » ? Il s'agissait essentiellement de mettre l'ensemble du cosmos (Terre, ciel, hommes et Dieux principalement) en « ordre », en « cohérence », en « contact ». Point besoin d'expliquer « comment » les choses s'étaient passées, il suffisait de dire « pourquoi » elles étaient telles qu'on les voyait aujourd'hui. La qualité ou la vraisemblance du récit qui expliquait « pourquoi » importait peu, son existence suffisait ! Deux idées principales étaient à l'œuvre dans cet enchantement initial : finalité et proximité.

La finalité reposait le plus souvent sur l'intention voire l'intervention divine ; soit directement, soit sous la forme d'une Providence, par principe bienveillante. Dans tous les cas, il y avait un sens derrière le cours des choses et l'homme pouvait vivre « en paix » avec la nature. L'idée de proximité découlait, elle, de celle de finalité : si je suis relié au ciel, il doit avoir une influence sur moi, ma vie et mon destin. Ainsi, l'observation du ciel a d'abord consisté en une astrologie, c'est-à-dire en une astronomie « utile », « proche », aux effets sur l'homme évidents, presque palpables...

Mais le sens du Tout, ainsi donné par des récits mythologiques variés, devait faire l'objet d'une croyance commune et d'une transmission rigoureuse. Avec l'avènement de la réflexion scientifique, la « croyance » a été concurrencée par la « raison ». En effet, dès le démarrage de cette nouvelle histoire de l'homme qu'a permis l'apparition de la philosophie, il y a près de 2 500 ans, la mythologie cosmogonique a dû affronter la toute nouvelle métaphysique rationnelle. Car si la cosmologie des origines a pour fondement l'idée « d'ordre global », la philosophie dans sa partie métaphysique a pour objet le « tout de la nature ». La rencontre était donc inévitable et elle a eu lieu sur les bords de la méditerranée lorsque les premiers philosophes grecs ont parlé, à leur façon, de la Nature.

En quoi le remplacement de la « croyance » par la « raison » a-telle « désenchanté le monde » ? C'est que le « principe » qui explique pourquoi le monde est tel qu'il est n'est plus mythologique, mystérieux, magique ou religieux ; il est purement rationnel, c'est-à-dire en dernière instance « naturel ». Ainsi Thalès de Milet, considéré comme le premier philosophe, a proposé, vers 600 avant notre ère, que l'« eau » soit ce principe à l'origine et fondement de tout ce qui existe. Démocrite a lui proposé les « atomes », Héraclite le « feu », Pythagore le « nombre », etc. Avec ces spéculations rationnelles, le ciel étoilé perdait de son « enchantement » puisque les phénomènes s'enchaînaient « naturellement » et, si le Tout gardait une véritable « cohérence », il perdait son « sens », l'idée d'intervention extérieure devenait complètement inutile.

Le « désenchantement du monde » allait même, comme l'a analysé le sociologue allemand Max Weber, s'accélérer et se radicaliser avec l'avènement au XVIIe siècle de la science moderne. Ainsi, la « révolution copernicienne » a conduit à « épurer » la rationalité en séparant les « spéculations » de la « science », c'est-à-dire les « idées », des « faits ». Du coup, il ne s'agissait plus de donner un ordre au réel en lui imposant une « croyance mythologique » ou un « principe métaphysique » mais d'ordonner et de comprendre le réel « par lui-même » ! À partir de Galilée, il faudra donc d'abord s'intéresser aux faits de la nature avant de proposer des idées de l'esprit. L'expérience devient prioritaire et hiérarchiquement supérieure à la théorie et à la pensée spéculative. L'Univers est « désenchanté » parce que la puissance mystérieuse a laissé la place aux lois naturelles et la finalité au déterminisme scientifique. On peut donc tout comprendre grâce à la méthode scientifique, et la question du sens est devenue inutile…

Plus de mystère, plus d'histoires, plus de Providence, plus de sens, plus d'influence, plus de familiarité : à quoi peut bien, dès lors, servir la connaissance de l'Univers ? Autrement dit, faut-il accepter les données récoltées par les scientifiques avec surprise et respect mais dans l'indifférence de celui qui n'est pas concerné. Il semble bien que non ! En effet, avec les développements de la cosmologie actuelle, la pensée, voire la philosophie, sont de retour. Ainsi, depuis la théorie de la relativité générale d'Einstein et le modèle cosmologique du big bang qui lui est associé, le ciel n'est plus « vide » et « silencieux ». Il y a bien, en quelque manière, un « réenchantement de l'Univers ». Quels sont les mots clés de ce nouveau et original dialogue avec le ciel ? Il semble qu'on puisse en identifier sept principaux.

Histoire. Contrairement à ce qu'on a longtemps pensé, le ciel étoilé n'est pas un tableau figé, identique à lui-même dans le temps infini. La désespérante stabilité qui dominait les pensées des astronomes du XIXe siècle a volé en éclats au XXe pour le plus grand plaisir des amateurs de « belles histoires ». En effet, l'Univers a, selon la quasi-totalité des spécialistes, connu une évolution dans sa globalité, avec même les épisodes les plus fantastiques. Au premier rang d'entre eux, il y a bien sûr le big bang lui-même qui suggère un jaillissement créateur de l'ensemble du cosmos. Vient ensuite une incroyable série d'événements imprévisibles, le tout sur fond d'expansion de l'espace lui-même ! Parmi les épisodes les plus marquants des quelque 14 milliards d'années que compte l'Univers, citons l'apparition des galaxies, des étoiles, des planètes, de la vie, de l'homme… Qui sait ce que nous réservent les peut-être 100 milliards d'années qui viennent ? Il n'en reste pas moins que, déjà, nous pouvons dire que l'Univers moderne nous « raconte » une histoire cosmique mouvementée et non tranquille, linéaire et non cyclique, c'est-à-dire imprévisible et irréversible !

Origine. L'expansion de l'espace, que confirme le décalage spectral des lumières en provenance de toutes les galaxies quelle que soit leur position par rapport à nous, a eu un « message » pour le moins surprenant. Si l'on repasse, en théorie, le « film » à l'envers à partir d'aujourd'hui, on aboutit à un point d'origine ponctuel de tout ce qui existe ! Un point infini en énergie qui est une « singularité » comme disent les mathématiciens et une « origine » pour notre esprit. En effet, même s'il y a eu un autre Univers avant le nôtre, source de ce dernier, le « moment » du big bang a bien, scientifiquement et philosophiquement, une « valeur » de commencement absolu. Ainsi, la question la plus mythologique qui soit, celle de l'origine de Tout, est devenue légitime en science, et la réponse scientifique n'est pas moins étonnante que certains récits cosmogoniques. D'un point de vue strictement physique, le big bang signifie le point « particulier » à partir duquel l'Univers « global » a évolué. D'un point de vue philosophique, cela suggère que la question du sens se pose de nouveau même si la réponse aboutit, en quelque sorte, à un « non-sens » (le hasard de l'origine « explique » la nécessité de toute l'évolution future).

Cohérence. En découvrant, au début des années 1920, les galaxies innombrables hors de notre Voie Lactée, les astronomes du Mont Palomar et du Mont Wilson, ont dévoilé l'immensité, à la limite du pensable, de l'Univers. Une immensité qui a introduit l'idée d'infini dans une science jusqu'alors limitée aux objets finis, proches, « mesurables ». Fallait-il renoncer à la science d'un objet devenu infini ? Au contraire ! Car les astronomes ont découvert peu à peu que « l'immensité » de l'Univers était compensée par son « homogénéité » à grande échelle. Partout les mêmes galaxies, partout la même densité d'objets, partout la même matière : il suffisait donc de connaître une partie de l'Univers pour le connaître, par généralisation, en entier ! L'infini était donc maîtrisé par l'utilisation du principe d'homogénéité, pour le plus grand bonheur des scientifiques. Ainsi, la notion d'« ordre global » qui était à l'origine de la cosmologie philosophique revenait comme une conséquence des observations et non comme un principe théorique imposé par la pensée au réel. Cette découverte a véritablement « enchanté » les astronomes qui ont pu dès lors affirmer, avec le succès que l'on sait, le retour de l'Univers comme « objet de science » et de la cosmologie comme science.

Modestie. Face à ces perspectives, les astronomes-philosophes du début du XXe siècle, ont néanmoins pris bien soin que la notion d'ordre scientifique respecte les règles de la science. En effet, si la science progresse cela signifie qu'elle évolue, que ce qui est vrai aujourd'hui puisse être bouleversé, voir réfuté, demain. L'ordre global « scientifique » ne doit donc pas être un « dogme » inébranlable. C'est pourquoi les cosmologues parlent plutôt de « régularité » de l'Univers, ce qui suffit pour faire la science de l'objet Univers et adapter les régularités en fonction des découvertes. Ainsi, l'ordre régulier du cosmos est en quelque sorte relatif à l'état des connaissances et ne doit donc jamais être élevé à l'absolu comme une affirmation mythologique, métaphysique ou religieuse. Il faut même se résoudre à ce que le cosmos soit en toute rigueur un « quasi-cosmos », ni absolument rationnel, ni absolument déterministe, ni même absolument intelligible… Le « mystère » revient donc mais non plus comme de la « magie » mais plutôt sous la forme d'une limitation de l'intelligibilité et, pour les hommes avides de savoir, comme une exigence de modestie. La vérité en cosmologie est donc « affaiblie », et les cohérences mises au jour sur des observations de plus en plus lointaines et « incertaines » sont donc de plus en plus « fragiles ». Il faudra *toujours* s'en contenter.

Liberté. Il n'en reste pas moins que les nouvelles affirmations cosmologiques ne sont en aucune façon un retour au finalisme qui dominait toute description de l'Univers avant l'avènement de la science moderne. En effet, la cosmologie contemporaine explique « comment » les choses se sont passées depuis l'origine mais jamais « pourquoi ». La chaîne causale à l'œuvre dans les phénomènes physiques ne doit pas être confondue avec un quelconque destin de l'Univers. Ce n'est pas sa fin qui gouverne l'Univers, comme un but déjà « écrit » quelque part ou une intention qui se réalise inévitablement. L'explication causale de l'histoire que nous racontent les astronomes explique en disant « parce que » et non, comme l'explication finaliste, en disant « pour ». La différence est une « nuance » plutôt qu'une opposition car l'Univers n'est pas gouverné par le hasard, mais cette nuance fait toute la différence car l'avenir est par nature « ouvert » même s'il respectera les lois naturelles une fois qu'il sera advenu. D'ailleurs, il suffit d'un hasard, d'une seule étincelle imprévisible dans l'histoire du cosmos pour que le finalisme soit radicalement réfuté. Or, cette créativité absolue semble bien avoir eu lieu au moins une fois, au moment même du big bang. En effet, il est impossible de relier causalement l'après-big bang avec un avant-big bang, même si le nouvel Univers « découle » de l'antérieur ! Notre Univers est donc « fondamentalement » libre parce qu'il l'a été « absolument » au moment de son avènement. Une liberté que l'homme, lui aussi « produit » causal de l'Univers, récupère comme les autres « poussières d'étoiles ». Être à l'image de l'Univers c'est peut-être être aussi libre que lui…

Progrès. Il faut donc s'attendre à de nouvelles découvertes, à d'inévitables surprises et peut-être même à des renversements complets. La théorie du big bang, si bien « installée » aujourd'hui, n'est donc pas un « mythe moderne » ni même un « mythe scientifique » qu'il serait impossible de remettre en cause. Au contraire, les critiques ne manquent pas, même si elles sont ultra minoritaires dans la communauté astronomique, et leur victoire n'est pas impossible. Car c'est bien la rationalité scientifique, par essence critique, qui exclut toute transformation en mythe. Comment, sinon, expliquer le progrès fantastique accumulé par les cosmologues depuis près d'un siècle ? En effet, le progrès suppose que ce qui a été vrai à un moment donné soit « dépassé » à un autre moment, et cela à l'infini ! Impossible donc de fixer un récit, aussi satisfaisant et séduisant soit-il, et de le répéter comme une vérité éternelle. Faut-il dès lors tomber dans le relativisme et dire que ce qui sera faux demain l'est déjà aujourd'hui et ne mérite aucune attention, ni ne possède aucune valeur ? Sûrement pas. Car si le récit du big bang n'est pas « absolument vrai » (comme le serait une affirmation dogmatique), il n'est pas non plus « jetable » car il a justement fait progresser la connaissance. Ce progrès n'est certes pas définitif dans ce qu'il « affirme » mais il l'est dans ce qu'il « nie », ou plutôt « rectifie ». Ainsi, les étoiles ne seront plus jamais des astres divins, le Soleil ne tournera plus autour de la Terre, ni les galaxies redeviendront des nébuleuses internes à notre Voie Lactée…

Égalité. L'homogénéité de l'Univers a aussi réservé une surprise aux scientifiques. En effet, contrairement à ce qu'on peut voir à petite échelle, notamment sur Terre, à grande échelle l'Univers élimine « l'étonnant », le « singulier », la « diversité ». L'homogénéité de l'Univers conduit donc à « valoriser » l'uniformité, c'est-à-dire finalement l'égalité contre la hiérarchie. La bonne surprise c'est que cette « banalité » essentielle est favorable au développement de la science cosmologique. C'est même sur cette simplicité universelle (que l'on retrouve comme en miroir à l'échelle atomique aussi) que la science va oser le saut d'une théorie de la partie à une théorie du Tout. Les lois sont les mêmes partout, la répartition de matière aussi : ce que l'on voit ici est donc « égal » à ce qui se passe plus loin et même, saut extraordinaire, à ce qui se passe aux confins de l'Univers que nous ne pourrons, par principe, jamais observer ! L'inconnaissable n'est donc pas impensable et l'inconnu n'est plus synonyme de « mystère », « magie », « destin », « intention supérieure », etc. Réenchanter l'Univers signifie ici affirmer qu'il est intéressant « malgré » cette « banalité ». Car nous ne vivons pas au niveau des atomes ni des galaxies. Notre monde (Terre et Système solaire) est « intermédiaire », c'est-à-dire intéressant et varié. La hiérarchie et la variété sont donc notre « quotidien » mais l'égalité et l'homogénéité sont notre fondement.

Que faut-il conclure de ces sept piliers de la cosmologie scientifique ? Ont-ils véritablement réenchanté l'Univers ? Car il est finalement écrasant d'imaginer un Univers aussi immense, monotone et silencieux, pour un homme minuscule sur un caillou anonyme, d'une Voie Lactée perdue dans un océan de galaxies... Ce nouvel enchantement de la cosmologie actuelle semble bien désespérant, et le retour de la réflexion philosophique bien décevant. Sauf à considérer que cette situation entraîne une solution originale puisqu'elle permet, pour la première fois, un « réenchantement universel ». En effet, loin des mythes et autres croyances toujours relatives à une culture, une civilisation ou une éducation particulière, la cosmologie aujourd'hui permet une pensée à la fois rationnelle et enchantée, autrement dit universelle et libre. Au lieu d'être paralysé, sidéré au sens strict, devant le spectacle cosmique, l'homme actuel peut s'approprier la même histoire que l'ensemble de l'humanité et lui donner le sens que sa libre pensée métaphysique lui dictera.

La question du sens de l'Univers redevient alors légitime pour tous et la réponse intime pour chacun. Lever les yeux vers le ciel, c'est dès lors, à la fois, une observation et une médiation. Ce que le philosophe des sciences Jacques Merleau-Ponty a pratiqué pendant toute son existence. Retracer les étapes de sa vie et de sa pensée, c'est revivre la révolution cosmologique du XXe siècle et assimiler sa situation actuelle.

6. Jacques Merleau-Ponty, philosophe de l'Univers

« L'homme a toujours pensé que le visage du monde devait l'instruire sur lui-même. » [1] En écrivant cette phrase, en 1965, Jacques Merleau-Ponty ne mesurait pas encore à quel point le spectacle cosmique allait bientôt le transformer, lui et l'humanité ! En effet, la même année, deux astronomes américains, Arno Penzias et Robert Wilson, découvrent le rayonnement cosmologique du fond du ciel, à 3 degrés Kelvin. Celui-ci entraînera le plus grand bouleversement du XXe siècle en accréditant l'idée d'une origine explosive de l'Univers puis la fameuse théorie du big bang. Or, la plupart des savants, dont Merleau-Ponty, penchaient pour la théorie concurrente de l'Univers stable et éternel, dite de la *Steady State Theory*. La guerre cosmologique venait de commencer ! Et malgré ce qui ressemble d'abord à un combat contre soi-même, le philosophe Merleau-Ponty ne cherchera jamais à l'éviter, avec une honnêteté et une rigueur d'autant plus exemplaires. Ses réponses, originales et surprenantes, seront d'ailleurs à la hauteur du problème. Mais pour s'engager sur ce chemin si riche et particulier, il faut d'abord faire connaissance avec l'homme qui va le tracer.

Jacques Merleau-Ponty est né le 26 juillet 1916 à Rochefort-sur-Mer, dans le département de la Charente-Maritime. Admis à l'École normale supérieure, il obtient l'agrégation de philosophie. Il s'oriente d'abord vers des études scientifiques, plus particulièrement de physique alors en plein développement. Mais sur les conseils de son cousin, le philosophe Maurice Merleau-Ponty, de huit ans son aîné, il va s'intéresser à l'aspect proprement philosophique des avancées de la science. Il se consacre dès lors à la tâche d'interpréter les révolutions en cours de la physique et de la cosmologie. Mais ce travail pour le moins original et difficile va être complètement stoppé par la guerre. Il ne pourra le reprendre qu'après la fin du conflit.

1. *Cosmologie du XXe siècle*, p. 454.

Mobilisé en 1939, Merleau-Ponty est aspirant d'infanterie. En 1940, il est fait prisonnier de guerre mais réussit à s'évader. Il rejoint alors Paris où il rallie, avec sa femme, la Résistance. Membre du réseau d'évasion « Comète » des Forces françaises libres, il est chargé de recueillir les aviateurs alliés des avions abattus ou parachutés en mission. Cette activité d'hébergement clandestin va le conduire à se faire arrêter par la Gestapo et à être condamné à mort par les autorités allemandes d'occupation. Après un an d'emprisonnement à la prison de Fresnes, il sera sauvé au dernier moment, en août 1944, par l'intervention du consul de Suède, Raoul Nordling. Pour avoir ainsi participé avec courage au sauvetage d'aviateurs alliés, Jacques Merleau-Ponty et sa femme France seront cités à l'ordre des Forces alliées du débarquement [1].

Au sortir de cette période, Merleau-Ponty entame une carrière de journaliste à l'*Agence France Presse* et à *Combat*, puis commence à enseigner dans le second degré, d'abord au lycée de Beauvais puis à Paris au lycée Louis-le-Grand. Dès cette époque, il reprend ses études d'histoire et de philosophie des sciences. Intégré comme attaché de recherches au CNRS, il se consacre alors exclusivement à la rédaction de sa thèse d'État sur l'interprétation philosophique des théories cosmologiques de cette première moitié du XXe siècle. Sa thèse, soutenue en 1965, sera publiée sous la forme de deux textes : *Cosmologie du XXe siècle* (Gallimard) et *Philosophie et théorie physique chez Eddington* (Les Belles Lettres). Nommé ensuite maître de conférences à l'université de Besançon, il terminera sa carrière comme professeur à l'université de Paris X-Nanterre.

Au cours de ses années d'enseignement, Merleau-Ponty va poursuivre sans relâche ses réflexions et ses travaux sur les relations entre philosophie et cosmologie. De nombreux ouvrages, spécialisés ou plus grand public, vont venir compléter mais aussi corriger ses premières analyses en fonction des découvertes successives. Le combat pour la

1. Voir la préface de Michel Paty et Jean-Jacques Szczeciniarz dans le recueil de textes de Jacques Merleau-Ponty *Sur la science cosmologique*, Paris, EDP Sciences, 2003, p. 5.

vérité va durer près de quarante ans ! Avec une question centrale : comment un tenant convaincu de la théorie de l'état stationnaire de l'Univers peut-il devenir un partisan affirmé de la théorie du big bang ? Et une question plus souterraine : quelle cohérence peut-il y avoir dans une pensée qui passe de l'idée d'« éternité du Tout » à celle d'« origine du Tout » ? À la première question, il faut répondre par l'analyse historique des avancées de la science cosmologique. À la seconde, il faut répondre et démontrer que la cohérence philosophique, contre toute attente, existe bel et bien. Et, comme l'a fait Merleau-Ponty pendant toute sa vie, il faudra encore ajouter que les deux réponses sont essentiellement liées !

Le point de départ de l'analyse de Jacques Merleau-Ponty est un constat : grâce aux équations relativistes qu'Einstein a élaborées au début des années 1920, l'Univers dans sa globalité est devenu « un objet de science ». En effet, jusqu'à la fin du XIXe siècle, les astronomes interdisaient que l'on puisse parler de ce que l'on n'observait pas directement (principalement le système solaire et notre galaxie). Or, pour Einstein, il est scientifiquement justifié d'étendre des conclusions théoriques à des objets ou des parties de l'Univers que nous ne voyons pas ou même ne verrons jamais. Car, dans la théorie relativiste, l'espace n'est pas indépendant de la matière qu'il contient. Ainsi, on peut imaginer la forme globale de l'espace de l'Univers en fonction des différentes hypothèses faites sur son contenu.

Cette originalité de la relativité aurait pu rester lettre morte si un événement observationnel n'était pas venu lui donner toute sa puissance. En effet, à la même époque, des observateurs américains, Vesto Slipher puis Edwin Hubble principalement, vont mesurer le décalage des spectres de lumière des galaxies proches et conclure que, quelle que soit la direction observée, tous les objets hors de la Voie Lactée s'éloignent de nous. Une telle mesure « locale » ne peut s'expliquer qu'avec une théorie « globale » : l'Univers entier est en expansion. L'abbé et physicien belge Georges Lemaître sera le premier à donner une valeur de cette expansion. Jacques Merleau-Ponty, dans son ouvrage de 1965, en donne une triple conclusion philosophique : l'Univers évolue (contrairement à la stabilité éternelle et parfaite des anciens), la Raison peut le comprendre (contrairement à l'interdiction des modernes) et la question du sens du Tout redevient pertinente (contrairement à la séparation imposée entre science et philosophie).

À cette époque, le cadre théorique « parfait » qui fait la jonction entre cosmologie scientifique et réflexion philosophique est le modèle de l'état stationnaire élaboré par l'astronome anglais Fred Hoyle. Merleau-Ponty lui donne une dimension philosophique qui lui semble alors définitive… Mais les faits vont venir bouleverser cette belle osmose. En effet, en observant le fond du ciel, Penzias et Wilson contribuent à imposer l'idée d'un passé de l'Univers très chaud, c'est-à-dire d'un commencement ponctuel et temporellement daté du Tout ! La science doit alors expliquer cette « singularité » et la philosophie cette « origine ». Cette tâche sera pour Merleau-Ponty d'abord une « épreuve » personnelle car il voit dans cette jonction philosophique entre cosmologie et cosmogonie un véritable risque d'interprétations spiritualistes, voire religieuses. Certains y succomberont.

Dans un premier temps, Merleau-Ponty parle avec ironie du retour des « vieilles rêveries du temps de la naissance et de la mort ». Mais, peu à peu, le ton se fait plus grave et cette nouvelle question de la « genèse » va être prise avec tout le sérieux philosophique nécessaire. Paradoxalement, Merleau-Ponty va s'appuyer sur les analyses d'un homme d'Église, l'abbé Lemaître. Pour ce dernier, il faut distinguer entre l'aspect scientifique (le commencement) et l'aspect philosophique (l'origine). Si le premier peut être compris « clairement », le second reste « énigmatique ». Toute la question pour Merleau-Ponty sera de dire quel est le contenu philosophique de cette énigme, autrement dit d'affronter la question du *sens de l'Univers*.

Du côté scientifique, le commencement de l'Univers est décrit comme une singularité c'est-à-dire un point qui contient dans un volume fini des quantités infinies (de matière et d'énergie). Paradoxe qui interdit finalement une connaissance précise mais qui est « clairement » acceptée comme telle. Cette limite de la connaissance (aujourd'hui encore à l'œuvre) est liée au contenu des théories utilisées (principalement la relativité) mais n'interdit pas qu'un nouveau modèle puisse en venir à bout scientifiquement (ce que cherche à faire la théorie des cordes notamment). Du côté philosophique, l'urgence de penser exclut que l'on puisse attendre une « conception à venir », au risque de laisser un vide de signification propre au développement de toutes sortes de croyances. L'exigence philosophique est absolue. La solution de Merleau-Ponty va s'élaborer sur plusieurs décennies et aboutir à une solution inattendue.

Reprenant la pensée de Lemaître, Merleau-Ponty va distinguer entre l'aspect « qualitatif physique » et l'aspect « quantitatif physique ». Or, si l'on peut estimer la « valeur quantitative » du moment du big bang (aujourd'hui évaluée à quelque 13,7 milliards d'années), il est impossible de lui donner un « sens qualitatif » (l'origine est hors du temps puisqu'elle le crée). Ainsi, aucune interprétation particulière, philosophique, idéologique ou religieuse, ne peut s'appuyer sur une connaissance scientifique qui « ne peut avoir aucun sens »[1]. La pensée est libre parce que la science ne peut lui imposer aucune signification (seulement des estimations quantitatives *provisoires*). Mais le philosophe est-il libre ou orphelin ? Faut-il abandonner toute vision rationaliste de l'Univers pour une errance philosophique sans fin ?

À ces questions, Merleau-Ponty donne une réponse paradoxale mais cohérente. En effet, les données scientifiques ne nous permettent pas de « choisir » n'importe quelle interprétation philosophique du Tout de l'Univers : il faut tenir compte de « l'inévitable réalité ». Mais cette « base » rationnelle, si elle exclut certaines visions (la finaliste principalement), laisse la porte ouverte à de nombreuses autres. Car s'il n'y a pas de « sens scientifique » du commencement cela ne signifie pas qu'il faille lui en donner un de l'extérieur. En science, le non-connaissable *n'est pas* une solution de la connaissance mais en philosophie le non-sens *est* une solution de la question du sens. Ainsi, précise Merleau-Ponty, il faut réfléchir comme si « le non-sens pouvait s'associer au savoir et même en être la source » !

La solution de Merleau-Ponty est donc véritablement originale et inattendue : ce « non-sens » des cosmologies avec origine rejoint le « sens » des cosmologies avec un Univers éternel (le big bang rejoint

1. *Le spectacle cosmique*, Paris, Larousse, 1988, p. 120.

la *Steady State Theory*...) [1]. En effet, s'il est impossible de donner une signification au commencement, cela revient à dire qu'on peut philosopher *comme s'il* n'avait pas eu lieu. Autrement dit, l'irrationalité scientifique de l'origine conduit à la liberté philosophique du *temps retrouvé.* Dès lors, on peut relire le livre de l'Univers avec toutes les découvertes du siècle pour guide : expansion de l'espace, répartition de matière, rayonnement fossile, trous noirs, quasars, exoplanètes, apparition de la vie, et bien sûr avènement de l'homme... La route est balisée mais la réflexion philosophique n'en est pas moins libre.

Ainsi, dans les dernières années de sa vie, Jacques Merleau-Ponty a multiplié les appels à la réflexion philosophique sur les avancées de la science astronomique dans son ensemble. Inlassablement, à travers des publications, des cours, des suivis d'étudiants, des colloques ou des articles de vulgarisation, il a agi avec force et modestie. Comme en miroir de l'Univers. Comme un exemple pour chacun de nous. Inlassablement...

1. C'est la thèse de mon essai sur Jacques Merleau-Ponty, *Le sens de l'univers*, Paris, PUF, 2010.

Épilogue

> « C'est la raison qui ouvre les yeux ;
> une erreur dissipée nous donne un sens de plus. »
>
> Marcel Proust,
> Sodome et Gomorrhe I.

« – Regarde, ami Sancho ; voilà devant nous au moins trente démesurés géants, auxquels je pense livrer bataille et ôter la vie à tous tant qu'ils sont... – Prenez donc garde, répliqua Sancho ; ce que nous voyons là-bas ne sont pas des géants, mais des moulins à vent... – Ce sont des géants te dis-je… » La bataille s'engage *« mais au moment où il perçait l'aile d'un grand coup de lance, le vent la chasse avec tant de furie qu'elle met la lance en pièces et qu'elle emporte après elle le cheval et le chevalier. »* Don Quichotte voit des géants, Sancho des moulins... et nous, adeptes du chemin des étoiles, que voyons-nous lorsque nous levons les yeux ? Des planètes, des soleils, des galaxies, des nuages de gaz, des comètes... des « moulins ». Ou bien des monstres, des dieux, des présages, des messages… des « géants » ? Posons-nous la question *vraiment* un soir d'été, par une nuit claire et profonde. La réponse intime n'est pas aisée, surtout si l'on se demande : « Mais d'où vient tout ce que je vois ? »

L'ami Sancho, ici figure de l'homme de science, rationnel et matérialiste, ne peut pas échapper, comme pourrait le laisser croire une lecture superficielle, à la question de la réalité profonde des « moulins ». Il y a un questionnement rationnel, scientifique et même « nécessaire » sur l'origine de ce que la nature nous montre. Des réponses ont été données au cours des siècles par les hommes de science ; fausses parfois, approximatives souvent, mais toujours instructives et fertiles en nouveaux développements. La science n'est donc pas illégitime sur la question des commencements ou des causes premières ; la somme des connaissances le prouve assez ! Sancho doit accepter ce qui s'impose à tout questionnement en devenant lui aussi, un peu, donquichottesque…

Le Chevalier Don Quichotte, ici figure de l'homme de croyance, passionné et idéaliste, ne peut pas rejeter la question de la réalité matérielle, rationnelle des « géants ». S'enfermer dans une interprétation *a priori* (il y a des géants malveillants sur Terre) conduit à nier l'évidence de ce qui se présente à nos yeux. « Le vent », « la force de l'aile du moulin » et « la poussière du chemin » ne peuvent ouvrir les yeux que si l'on ne convoque pas, à l'infini, « le pouvoir des enchanteurs ». Un tel « aveuglement », idéologique, religieux ou philosophique ferait courir le risque de dérives absurdes et, parfois, dangereuses. Ainsi, l'impulsion métaphysique doit aussi tenir compte des affirmations scientifiques. Don Quichotte devient un peu sanchopanzesque...

Quelle est la morale de cette histoire ? Il semble bien qu'il faille toujours *reconstruire* l'homme complet fait de Sancho et de Don Quichotte, de science et de poésie, de raison et de folie, de savoirs communs et de choix personnels. À la fin le l'épisode, Cervantès le dit avec force, simplicité et évidence : Sancho *« aida son maître à remonter sur Rossinante »* et ils poursuivirent leur chemin *« en conversant sur l'aventure »*. Et nous avec eux.

Références

Les textes dont la liste suit ont été repris de diverses publications après avoir été revus et actualisés mais en respectant leur teneur originelle. Par ordre de reprise dans le sommaire :

- « Expliquer l'Univers », publié dans le hors-série « XXIe siècle » de *Science & Vie*, décembre 1999.
- « Giordano Bruno, prophète de l'infini », publié dans *Science & Vie*, février 2000.
- « Le ciel n'est-il qu'une hypothèse ? », publié dans *Ciel & Espace*, février 2008.
- « Galilée a vu Neptune mais l'a-t-il découverte ? », publié dans *Ciel & Espace*, mars 2007.
- « La relativité avant Einstein », publié dans *Ciel & Espace*, mars 2009.
- « Le principe de relativité chez Galilée et Descartes », publié dans la revue *L'Enseignement philosophique*, 57e année, n° 4, mars-avril 2007 (extrait).
- « Comment l'Univers a perdu tout point fixe », publié dans *Ciel & Espace*, juin 2007.
- « Peut-on être astronome et croyant à la fois ? », publié dans le hors-série « L'univers a-t-il besoin de Dieu ? » de *Ciel & Espace*, octobre 2006.
- « Du Ciel à l'Univers », publié dans *Ciel & Espace*, octobre 2010.

- « L'intuition de l'origine », publié dans *Ciel & Espace*, novembre 2010.
- « Un commencement sans cause », publié dans *Ciel & Espace*, décembre 2010.
- « Éviter la nouvelle guerre des mondes », publié dans *Ciel & Espace*, janvier 2010.
- « Les deux chemins de la vérité », publié dans *Ciel & Espace*, février 2010.
- « Le testament du big bang », publié dans *Ciel & Espace*, mars 2010.
- « Fils des planètes », publié dans le hors-série « Système solaire, l'explosion des découvertes » de *Ciel & Espace*, octobre 2010.
- « Univers : peut-on vraiment le penser ? », publié dans le hors-série « L'univers aujourd'hui » de *Science & Vie*, mars 2008.
- « Les illusions de l'univers », publié dans *Science & Vie*, juin 1990.
- « Retour dans le passé », publié dans *Ciel & Espace*, décembre 1992.
- « La supernova qui a soufflé la Terre », publié dans *Science & Vie*, mai 1993.
- « Réenchanter l'univers », publié dans *Ciel & Espace*, février 2010.
- « Jacques Merleau-Ponty, philosophe de l'univers », publié dans *Ciel & Espace*, août 2010. – « Cheminant avec Don Quichotte et Sancho », publié dans le hors-série de *Ciel & Espace*, octobre 2009.

Bibliographie

ŒUVRES DE L'ABBÉ GEORGES LEMAÎTRE

1/ Recueils de textes

Essais de cosmologie, (avec des textes d'Alexandre Friedmann), Paris, Seuil « Sources du savoir ». Textes choisis, présentés, annotés et introduction *(L'invention du big bang)* par Jean-Pierre Luminet, 1997.
– « L'expansion de l'espace », repris de la *Revue des Questions scientifiques*, 4e série, volume 9, novembre 1931.
– « L'hypothèse de l'atome primitif », repris des *Actes de la Société Helvétique des Sciences Naturelles*, Fribourg, 1945.
– « Un univers homogène de masse constante et de rayon croissant, rendant compte de la vitesse radiale des nébuleuses extragalactiques », repris des *Annales de la Société scientifique de Bruxelles*, avril 1927.
– « L'origine du monde du point de vue de la théorie quantique », repris de la revue *Nature*, vol. 127, 1931.

L'hypothèse de l'atome primitif, essai de cosmogonie, Bruxelles, Culture et civilisation. Avant propos de Odon Godart, préface de Ferdinand Gonseth, 1972.
– « La grandeur de l'espace », conférence du 31 janvier 1929 à la Société scientifique de Bruxelles, reproduit de la *Revue des Questions scientifiques*, mars 1929.

– « Expansion », article publié sous le titre « L'expansion de l'espace » dans la *Revue des Questions scientifiques*, novembre 1931. Repris in *Essais de cosmologie*, Paris, Seuil, p. 215.
– « Évolution », lecture faite à la séance publique de l'Académie royale de Belgique le 15 décembre 1934 et publiée sous le titre « L'Univers en expansion » dans le *Bulletin de l'Académie*, décembre 1934.
– « Hypothèses cosmogoniques », conférence faite à la Société Royale belge des ingénieurs et des industriels, à Bruxelles le 10 janvier 1945 et publiée dans la revue *Ciel et Terre*, mars-avril 1945.
– « L'hypothèse de l'atome primitif », conférence faite à la société helvétique des sciences naturelles, à Fribourg en septembre 1945, publiée dans les *Actes de la Société Helvétique des Sciences Naturelles* en 1945. Repris in *Essais de cosmologie*, Paris, Seuil, p. 239.
– « Éclaircissements mathématiques ».

2/ Autres textes

« L'hypothèse de l'atome primitif », conférence donnée au Palais de la Découverte le 13 mai 1947, Université de Paris, Alençon, Maison Poulet-Malassis, 1948.

« L'hypothèse de l'atome primitif », in *Revue des Questions scientifiques*, du 20 juillet 1948, 5e série, 9, p. 321-339.

L'Univers, Louvain, repris de causeries de l'Université radiophonique internationale, Editions Nauwelaerts, 1950.

« L'Univers, problème accessible à la science humaine », conférence de l'Institut catholique, 1950.

« L'œuvre scientifique d'Albert Einstein », lecture au Congrès juif mondial le 14 juin 1955, publié dans la *Revue des questions scientifiques* du 20 octobre 1955.

« L'hypothèse de l'atome primitif et le problème des amas de galaxies », rapport du 11e Conseil de physique de l'Institut international de physique Solvay, Université de Bruxelles, juin 1958, Bruxelles, Culture et civilisation. Biographie de Odon Godart, 1972.

« Rencontres avec A. Einstein », in *Revue des Questions scientifiques* du 20 janvier 1958, 5e série, 19, p. 129-132.
« L'étrangeté de l'Univers », in *Revue Générale Belge*, Bruxelles, 1960.
« L'expansion de l'Univers », émission radiophonique de *Radio Canada*, publié dans la *Revue des Questions Scientifiques*, Bruxelles, avril 1967.

ŒUVRES GÉNÉRALES

BACHELARD Gaston, *La formation de l'esprit scientifique*, Paris, Vrin « Bibliothèque des textes philosophiques », 1999 ;
— *Le nouvel esprit scientifique*, Paris, PUF, 1978.
BALIBAR Françoise, *Galilée, Newton lus par Einstein*, Paris, PUF « Philosophies », 1984, rééd., 2007.
BESNIER Jean-Michel, *La croisée des sciences. Questions d'un philosophe*, Paris, Seuil « Science ouverte », 2006.
BLANCHARD Alain, *L'Univers*, Paris, Flammarion « Dominos », 1995.
BRAGUE Rémi, *La sagesse du monde. Histoire de l'expérience humaine de l'Univers*, Paris, Fayard « L'esprit de la cité », 1999.
BRISSON Luc, MEYERSTEIN F. Walter, *Inventer l'Univers. Le problème de la connaissance et les modèles cosmologiques*, Paris, Belles Lettres « L'âne d'or », 1991.
BRUNO Giordano, *Œuvres complètes*, Paris, Belles Lettres, 2000.
CELNIKIER Ludwik M., *Histoire de l'astronomie*, Paris, Lavoisier « Petite collection d'histoire des sciences », 1996.
CLAVELIN Maurice, *La philosophie naturelle de Galilée. Essai sur l'origine et la formation de la mécanique classique*, Paris, Albin Michel « Bibliothèque de l'évolution de l'Humanité », 1996.
CLAVIER Paul, *Le concept de monde*, Paris, PUF « Philosopher », 2000.
CONCHE Marcel, *Philosopher à l'infini*, Paris, PUF « Perspectives critiques », 2005 ;
— *Présence de la nature*, Paris, PUF « Perspectives critiques », 2001.

COPERNIC Nicolas, *Des révolutions des orbes célestes* (1543), Paris, Alcan, 1934, rééd., Paris, Librairie Blanchard, 1970.

DENISSOF Élie, *Descartes, premier théoricien de la physique mathématique*, Paris, Béatrice-Nauwelaerts, 1970.

DESCARTES René, *Œuvres et lettres*, Paris, Gallimard « Bibliothèque de la Pléiade », 1953.

DUGAS René, *La mécanique au XVIIe siècle*, Neuchatel, Éd. du Griffon, 1954.

EINSTEIN Albert, *Œuvres choisies, 6 volumes*, Paris, Seuil-CNRS « Sources du savoir », 1993.

EINSTEIN Albert, INFELD Léopold, *L'évolution des idées en physique*, Paris, Flammarion « Champs », rééd., 2009.

ÉPICURE, *Lettres et maximes*, trad. Marcel Conche, Paris, PUF « Épiméthée », 1987.

FERRIS Timothy, *Histoire du cosmos de l'antiquité au big bang*, Paris, Hachette « Littératures-Pluriel », 1992.

FIRPO Luigi, *Le Procès de Giordano Bruno* (1949), introd. Alain Segonds, *in* Giordano Bruno, *Œuvres complètes, tome VIII*, Paris, Belles Lettres, 2000.

GALILÉE, *Le messager des étoiles*, Paris, Seuil « Sources du savoir », 1999 (rééd., « Points sciences », 2009) ;

— *Dialogue sur les deux grands systèmes du monde*, Paris, Seuil « Sources du savoir », Paris, 1992 (rééd., « Points sciences », 2000).

GAMOW George, *La création de l'univers*, Paris, Dunod, 1961.

KANT Emmanuel, *La Critique de la raison pure*, Paris, Garnier-Flammarion, 1976.

KLEIN Étienne, *L'Unité de la physique*, Paris, PUF « Science, histoire et société », 2000 ;

— *Conversations avec le Sphinx. Les paradoxes en physique*, Paris, Albin Michel, 1991.

KOESTLER Arthur, *Les Somnambules. Essai sur l'histoire des conceptions de l'Univers*, Paris, Calmann-Lévy, 1960 (rééd., Paris, Belle Lettres, « Le goût des idées », 2010).

KOJÈVE Alexandre, *L'idée du déterminisme dans la physique classique et dans la physique moderne*, Paris, Le Livre de poche « Biblio essais », 1990.

KOYRÉ Alexandre, *Du monde clos à l'univers infini*, Paris, Gallimard « Tel », 1988 ;

— *Études galiléennes*, Paris, Hermann, 1986.

KUHN Thomas, *La révolution copernicienne*, Paris, Fayard « Le phénomène scientifique », 1973 ;

— *La structure des révolutions scientifiques*, Paris, Flammarion « Champs », 1983.

LECOURT Dominique (dir.), *Dictionnaire d'histoire et de philosophie des sciences*, Paris, PUF, 1999 (rééd., 2006) ;

— *Contre la peur. De la science à l'éthique, une aventure infinie*, Paris, Hachette « Les essais du XXe siècle », rééd., Paris, PUF « Quadrige », date ;

— *La philosophie des sciences*, Paris, PUF « Que sais-je ? », 2001.

LERNER Michel-Pierre, *Le Monde des sphères, Genèse et triomphe d'une représentation cosmique, I et II*, Paris, Belles Lettres, « L'âne d'or », 1996-1997.

LUMINET Jean-Pierre, *L'invention du Big Bang*, Paris, Seuil « Points Sciences », 2004 ;

— *Les trous noirs*, Paris, Seuil « Points-sciences », rééd., 1992 ;

— *Le destin de l'univers*, Paris, Gallimard « Folio Essais », 2010.

MATTÉI Jean-François, *L'ordre du monde. Platon, Nietzsche, Heidegger*, Paris, PUF, 1989.

MERLEAU-PONTY Jacques, *Cosmologie du XXe siècle. Étude épistémologique et historique des théories de la cosmologie contemporaine*, Paris, Gallimard, 1965 ;

— *Les trois étapes de la cosmologie. Comment a évolué la conception de l'univers de l'Antiquité à nos jours* (avec Bruno Morando), Paris, Robert Laffont, 1971 ;

— *La science de l'Univers à l'âge du positivisme. Étude sur les origines de la cosmologie contemporaine*, Paris, Vrin, 1983 ;

— *Le spectacle cosmique et ses secrets*, Paris, Larousse, 1988 ;

— *Sur la science cosmologique. Conditions de possibilité et problèmes philosophiques*, Paris, EDP Sciences, 2004 ;

— *Einstein*, Paris, Flammarion « Figures de la science », 1993 (rééd. en poche, collection « Champs », 1995).

MINOIS Georges, *L'Église et la science. Histoire d'un malentendu. De saint Augustin à Galilée, I et II*, Paris, Fayard, 1990-1991.

PARROCHIA Daniel, *Sciences exactes et sciences de l'homme : les grandes étapes*, Paris, Ellipses « Culture et histoire », 1997.

PATY Michel, *Einstein philosophe*, Paris, PUF « Philosophie d'aujourd'hui », 1993 ;

— *La physique du XXe siècle*, Paris, EDP Sciences, 2003 ;

— Les particules et l'univers, Paris, PUF, 1990.

PLATON, *Timée*, Paris, Garnier-Flammarion, 1969.

POINCARÉ Henri, *La science et l'hypothèse*, Paris, Flammarion « Champs », 2000.

POPPER Karl, *L'Univers irrésolu. Plaidoyer pour l'indéterminisme*, Paris, Hermann, 1984.

PTOLÉMÉE Claude, *Composition mathématique*, Paris, Hermann, 1927.

REEVES Hubert, *Patience dans l'azur. L'évolution cosmique*, Paris, Seuil « Science ouverte », 1981 (rééd., « Points Sciences », 1988) ;

— *Poussières d'étoiles*, Paris, Seuil, 1984 (rééd., « Points Sciences », 2009).

REDONDI Pietro, *Galilée hérétique*, Paris, Gallimard, 1985.

ROBREDO Jean-François, *Du cosmos au big bang. La révolution philosophique*, Paris, PUF « Science, histoire et société », 2006 ;

— *Le sens de l'univers. Essai sur Jacques Merleau-Ponty*, Paris, PUF « Science, histoire et société », 2010.

RUCKER Rudy, *La quatrième dimension* , Paris, Seuil « Points Sciences », 2001.

SCHNECKENBURGER Benoît, *Apprendre à philosopher avec Épicure*, Paris, Ellipses « Apprendre à philosopher », 2011.

SEGONDS Alain, *Le Procès*, Paris, Belles Lettres, 2000.

SEIDENGART Jean, *Dieu, l'univers et la sphère infinie. Penser l'infinité cosmique à l'aube de la science classique*, Paris, Albin Michel « Idées », 2006.

SHEA William, *La révolution galiléenne*, Paris, Seuil « Science humaine », 1992.

SMOOT George, *Les rides du temps. L'Univers, 300 000 ans après le Big Bang*, Paris, Flammarion « Champs », 1994.

SZCZECINIARZ Jean-Jacques, *La Terre immobile*, Paris, PUF « Science, histoire et société », 2003.

— *Copernic et la révolution copernicienne*, Paris, Flammarion, 1998.

THUILLIER Pierre, *D'Archimède à Einstein. Les faces cachées de l'invention scientifique*, Paris, Fayard « Le temps des sciences », 1988.

TONNELAT Marie-Antoinette, *Histoire du principe de relativité*, Paris, Flammarion « Nouvelle bibliothèque scientifique », 1971.

VERDET Jean-Pierre, *Une histoire de l'astronomie*, Paris, Seuil « Points sciences », 1990.

Cet ouvrage a été mis en page
par Meta-systems
59100 Roubaix

Imprimé en France
par JOUVE
1, rue du Docteur Sauvé, 53100 Mayenne
octobre 2011 - N° 782667X

JOUVE est titulaire du label imprim'vert®